Diplomica®
Wissenschaftlicher
Fachverlag

Christoph Rohde

Die Energieeinsparverordnung 2007

Rohde, Christoph: Die Energieeinsparverordnung 2007, Hamburg, Diplomica Verlag GmbH

Umschlaggestaltung: Elisabeth Lutz, Hamburg

ISBN: 978-3-8366-5913-0

© Diplomica Verlag GmbH, Hamburg 2008

Bibliographische Information der Deutschen Bibliothek

Die Deutsche Bibliothek verzeichnet diese Publikation in der Deutschen Nationalbibliografie; detaillierte bibliografische Daten sind im Internet über http://dnb.ddb.de abrufbar.

Dieses Werk ist urheberrechtlich geschützt. Die dadurch begründeten Rechte, insbesondere die der Übersetzung, des Nachdrucks, des Vortrags, der Entnahme von Abbildungen und Tabellen, der Funksendung, der Mikroverfilmung oder der Vervielfältigung auf anderen Wegen und der Speicherung in Datenverarbeitungsanlagen, bleiben, auch bei nur auszugsweiser Verwertung, vorbehalten. Eine Vervielfältigung dieses Werkes oder von Teilen dieses Werkes ist auch im Einzelfall nur in den Grenzen der gesetzlichen Bestimmungen des Urheberrechtsgesetzes der Bundesrepublik Deutschland in der jeweils geltenden Fassung zulässig. Sie ist grundsätzlich vergütungspflichtig. Zuwiderhandlungen unterliegen den Strafbestimmungen des Urheberrechtes. Die Wiedergabe von Gebrauchsnamen, Handelsnamen, Warenbezeichnungen usw. in diesem Werk berechtigt auch ohne besondere Kennzeichnung nicht zu der Annahme, dass solche Namen im Sinne der Warenzeichen- und Markenschutz-Gesetzgebung als frei zu betrachten wären und daher von jedermann benutzt werden dürften. Die Informationen in diesem Werk wurden mit Sorgfalt erarbeitet. Dennoch können Fehler nicht vollständig ausgeschlossen werden und die Diplomica GmbH, die Autoren oder Übersetzer übernehmen keine juristische Verantwortung oder irgendeine Haftung für evtl. verbliebene fehlerhafte Angaben und deren Folgen.

Inhaltsverzeichnis

Abbildungsverzeichnis 10

Tabellenverzeichnis 12

Abkürzungsverzeichnis 13

1 Einleitung 15

1.1 Ausgangssituation 15

1.2 Bedeutung der Bauwirtschaft 17

1.2.1 Allgemein 17

1.2.2 Private Wohnwirtschaft 18

1.3 Rechtlicher Hintergrund 19

1.4 Zielsetzung 20

2 EnEV 21

2.1 Gliederung der EnEV – Stand 16. November 2006 21

2.2 Rechnerische Grundlagen – Begriffsbestimmung 22

2.2.1 Primärenergiebedarf 22

2.2.2 Endenergiebedarf 22

2.2.3 Die Anlagenaufwandszahl e_P 22

2.2.4 Primärenergiefaktor $f_{P,i}$ 23

2.2.5 Berechnung des Primärenergiebedarfs Q_P 23

2.3 Abschnitt 1: Allgemeine Vorschriften 25

2.4 Abschnitt 2: Zu errichtende Gebäude 25

2.4.1 Anforderungen an Wohngebäude 25

2.4.2 Berücksichtigung alternativer Energieversorgungssysteme ... 33

2.4.3 Dichtheit, Mindestluftwechselzahl 33

2.4.4 Mindestwärmeschutz, Wärmebrücken 34

2.4.5 Kleine Gebäude 34

2.5 Abschnitt 3: Bestehende Gebäude und Anlagen 35

2.5.1 Änderung von Gebäuden 35

2.5.2 Nachrüstung bei Anlagen und Gebäuden 38

2.5.3 Aufrechterhaltung der energetischen Qualität 39

2.5.4 Energetische Inspektion von Klimaanlagen 40

2.6	Abschnitt 4: Anlagen der Heizungs-, Kühl- und Raumlufttechnik, sowie der Warmwasserversorgung	40
2.6.1	Inbetriebnahme von Heizkesseln	40
2.6.2	Verteilungseinrichtungen und Warmwasseranlagen	40
2.6.3	Anlagen der Kühl- und Raumlufttechnik	41
2.7	Abschnitt 5: Energieausweise und Empfehlungen für die Verbesserung der Energieeffizienz	41
2.7.1	Ausstellung und Verwendung von Energieausweisen	41
2.7.2	Grundsätze des Energieausweises	42
2.7.3	Ausstellung auf der Grundlage des Energiebedarfs	47
2.7.4	Ausstellung auf Grundlage des Energieverbrauchs	47
2.7.5	Empfehlungen für die Verbesserung der Energieeffizienz	51
2.7.6	Ausstellungsberechtigung für bestehende Gebäude	52
2.8	Abschnitt 6: Gemeinsame Vorschriften, Ordnungswidrigkeiten	54
2.8.1	Verantwortliche	54
2.8.2	Ordnungswidrigkeiten	55
2.8.3	Abschnitt 7: Schlussvorschriften	55
2.8.4	Allgemeine Übergangsvorschriften	55
2.8.5	Übergangsvorschriften für Energieausweise	55
2.8.6	Inkrafttreten, Außerkrafttreten	56
2.9	Zusammenfassung der wichtigsten Inhalte	56
3	**Die EnEV 2007 am Beispiel**	**61**
3.1	Die Beispielimmobilie	61
3.1.1	Baubeschreibung	61
3.1.2	Gebäudekennwerte	63
3.2	Erstellen des Energieausweises	64
3.2.1	Der Energieausweis auf Basis des Energiebedarfs	64
3.2.2	Der Energieausweis auf Basis des Energieverbrauchs	69
3.2.3	Zusammenfassung der Ergebnisse	74
3.3	Konsequenzen aus dem Energieausweis	77
3.3.1	Vergleich der Modernisierungsvorschläge	77
3.3.2	Kosten der möglichen Sanierungsmaßnahmen zur Energieeinsparung	81
3.3.3	Auswirkungen auf den Gebäudewert	82

4	Wirtschaftlichkeitsuntersuchung von Sanierungsmaßnahmen gemäß EnEV	87
4.1	Definition der Sanierungsvarianten	87
4.2	Wirtschaftlichkeit der Maßnahmen – Selbstgenutzte Immobilie	88
4.2.1	Die „Kosten der eingesparten Endenergie"	89
4.2.2	Parameterstudie	92
4.2.3	Der annuitätische Gewinn	95
4.2.4	Amortisationszeit	98
4.2.5	Staatliche Förderung	98
4.2.6	Fazit – Handlungsempfehlungen für selbst genutzte Immobilien	99
4.2.7	Exkurs – alternative Heizsysteme	101
4.3	Wirtschaftlichkeit der Maßnahmen – vermieteter Bestand	106
4.3.1	Kapitalwertmethode	106
4.3.2	Parameterstudie	108
4.3.3	Amortisationszeit	111
4.3.4	Fazit – Handlungsempfehlungen für den vermieteten Bestand	112
5	**Auswirkungen der Konsequenzen aus der EnEV auf das allgemeine Mietpreisniveau**	**115**
5.1	Ausgangssituation – erste Erfahrungen	115
5.2	Unterscheidung nach Gebäudetyp	115
5.2.1	Neubauten	116
5.2.2	Sanierte Altbauten	116
5.2.3	Altbauten	116
6	**Zusammenfassung**	**119**
6.1	Die EnEV	119
6.2	Wirtschaftlichkeit	120
6.3	Auswirkungen auf den Wohnungsmarkt	121
Literaturverzeichnis		**123**

Abbildungsverzeichnis

Abb. 1:	Energieverbrauch nach Sektoren	17
Abb. 2:	Energieverbrauch im Haushalt	18
Abb. 3:	Gliederung der EnEV 2007	21
Abb. 4:	Sommer-Klimaregionen, die für den sommerlichen Wärmeschutznachweis gelten	30
Abb. 5:	EnEV, Anhang 6, Muster Energieausweis für Wohngebäude, Seite 1	43
Abb. 6:	EnEV, Anhang 6, Muster Energieausweis für Wohngebäude, Seite 2	44
Abb. 7:	EnEV, Anhang 6, Muster Energieausweis für Wohngebäude, Seite 3	45
Abb. 8:	EnEV, Anhang 6, Muster Energieausweis für Wohngebäude, Seite 4	46
Abb. 9:	EnEV, Anhang 10, Muster Modernisierungsempfehlungen zum Energieausweis	53
Abb. 10:	Anforderungsunterscheidung, verbrauchs- oder bedarfsorientierter Energieausweis	58
Abb. 11:	EnEV Vorschriften für Anlagentechnik	60
Abb. 12:	Beispielgebäude, Westansicht	61
Abb. 13:	Beispielgebäude, Süden	62
Abb. 14:	Beispielgebäude, Erdgeschoss	63
Abb. 15:	Bedarfsorientierter Energieausweis des Beispielgebäudes, Gesamtbewertung	65
Abb. 16:	Bedarfsorientierter Energieausweis des Beispielgebäudes, Seite 1	66
Abb. 17:	Bedarfsorientierter Energieausweis des Beispielgebäudes, Seite 2	67
Abb. 18:	Bedarfsorientierter Energieausweis des Beispielgebäudes, Seite 3	68
Abb. 19:	Verbrauchsorientierter Energieausweis des Beispielgebäudes, Seite 1	71
Abb. 20:	Verbrauchsorientierter Energieausweis des Beispielgebäudes, Seite 2	72

Abb. 21: Verbrauchsorientierter Energieausweis des Beispielgebäudes, Seite 3 73

Abb. 22: Differenz zwischen bedarfs- und verbrauchsorientiertem Energieausweis 74

Abb. 23: Beispiel: Raumtemperaturerhöhung 76

Abb. 24: Heizwärmeverluste am Beispielgebäude 77

Abb. 25: Anteil der Modernisierungsmaßnahmen an der Energieeinsparung 80

Abb. 26: Anteil der Modernisierungsmaßnahmen an der Energieeinsparung inkl. Vakuum-Röhrenkollektoren Anlage 81

Abb. 27: Preisentwicklung beim Heizöl 92

Abb. 28: Mittlerer zukünftiger Energiepreis 93

Abb. 29: Kosten der eingesparten kWh Endenergie in Abhängigkeit des Betrachtungszeitraums, mit Austausch des Heizungskessels 94

Abb. 30: Kosten der eingesparten kWh Endenergie in Abhängigkeit des Betrachtungszeitraums, ohne Austausch des Heizungskessels 94

Abb. 31: Mittlerer zukünftiger Energiepreis in Abhängigkeit des Betrachtungszeitraums 95

Abb. 32: Annuitätischer Gewinn in Abhängigkeit der Energiepreissteigerung 97

Abb. 33: Schema einer solarthermischen Anlage 102

Abb. 34: Erdwärmesonde 103

Abb. 35: Transport zum Brenner per Schneckensystem 105

Abb. 36: Kapitalwert in Abhängigkeit der Mietpreissteigerung bei der Variante mit Austausch der Heizungsanlage 108

Abb. 37: Kapitalwert in Abhängigkeit der Mietpreissteigerung bei der Variante ohne Austausch der Heizungsanlage 109

Abb. 38: Kapitalwert in Abhängigkeit der Mietpreissteigerung in Prozent 110

Abb. 39: Kapitalwert in Abhängigkeit des Eigenkapitalanteils 111

Abb. 40: dena-Umfrage: Wie wichtig ist Energieverbrauch beim Kauf oder Anmietung einer Wohnung 119

Tabellenverzeichnis

Tabelle 1: Schätzungen zum Gesamtpotential für Energieeinsparungen in Endverbrauchssektoren 16

Tabelle 2: Höchstwerte des auf die Gebäudenutzfläche bezogenen Jahres-Primärenergiebedarfs und des spezifischen, auf die wärmeübertgede Umfassungsfläche bezogenen Transmissionswärmeverluste in Abhängigkeit vom Verhältnis A/V_e 26

Tabelle 3: Vereinfachtes Verfahren zur Ermittlung des Jahres-Heizwärmebedarfs 27

Tabelle 4: Temperatur-Korrekturfaktor F_{xi} 28

Tabelle 5: Anhaltswerte für Abminderungsfaktoren F_C von fest installierten Sonnenschutzvorrichtungen 29

Tabelle 6: Klassen der Fugendurchlässigkeit von außenliegenden Fenstern, Fenstertüren und Dachflächenfenstern 33

Tabelle 7: Vereinfachtes Verfahren zur Ermittlung des Jahres-Heizwärmebedarfs bei bestehenden Wohngebäuden 36

Tabelle 8: Wärmedämmung von Wärmeverteilungs- und Warmwasserleitungen sowie Armaturen 39

Tabelle 9: Mengeneinheiten und Heizwerte (Energieinhalte) von Energieträgern 49

Tabelle 10: Auszug aus Anlage 2: Zuordnung der Wetterstationen zu Postleitzahlen 50

Tabelle 11: Auszug aus: Klimafaktoren der Wetterstationen 51

Tabelle 12: Kostenvergleich der Energiesparmaßnahmen 87

Tabelle 13: Übersicht, Wirtschaftlichkeit der Maßnahmen – Selbstgenutzte Immobilien 100

Tabelle 14: Mietpreiserhöhung in Abhängigkeit vom Betrachtungszeitraum 110

Abkürzungsverzeichnis

°C	Grad Celsius
a	Jahr
Abb.	Abbildung
Abs.	Absatz
BGF	Bruttogeschoßfläche
BRI	Bruttorauminhalt
bzw.	beziehungsweise
ca.	circa
CO_2	Kohlenstoffdioxid
d. h.	das heißt
dena	Deutsche Energie-Agentur GmbH
DIN	Deutsche Industrie Norm
EG	Europäische Gemeinschaft
EnEV	Energiesparverordnung
etc.	et cetera
EU	Europäische Union
EUK	Europäische Kommission
h^{-1}	Luftwechselzahl, gibt an wie oft in einer Stunde die gesamte Raumluft
HLZ	Hohllochziegel
kg	Kilogramm
kW	Kilowatt
kWh	Kilowattstunden
m	Meter
Mio.	Millionen
Mrd.	Milliarden
MTÖ	Millionen Tonnen Öläquivalente. Maßeinheit für den Energieverbrauch, beispielsweise bei der Stromerzeugung oder Verbrennungsprozessen
Nr.	Nummer
NT	Niedertemperatur
P	mittlere Energiepreis
PLZ	Postleitzahl
RöE	Rohöleinheit, Maßeinheit für den Energieverbrauch
t	Tonnen
WSVO	Wärmeschutzverordnung

1   Einleitung

1.1   Ausgangssituation

Nachrichten, wie die rund um den russischen Energielieferanten Gasprom, verdeutlichen in letzter Zeit drastisch die Problematik der zunehmenden Abhängigkeit der Europäischen Union von Energieeinfuhren. Hinzu kommt die weltweit angespannte Versorgungslage fossiler Brennstoffe, angeheizt durch regionale Konfliktherde wie z. B. im Irak. Auch der immer deutlicher werdende Klimawandel stellt ein erhebliches Warnsignal dar. Trotz dieser alarmierenden Vorzeichen verschwendet Europa jährlich 20 % seiner Energie durch ineffiziente Nutzung. Der wichtigste Sektor mit hohem Energieeinsparpotential ist der Verkehr, der ein Drittel des gesamten Energieverbrauchs in der EU ausmacht. Die vorherrschende Rolle des Kraftverkehrs und dessen starke Abhängigkeit vom Öl führen zusätzlich zur Energieverschwendung, zu Verkehrsengpässen und Umweltverschmutzung. Ein weiterer, von der Energieeffizienz betroffener Bereich ist die Energieerzeugung selbst. Je nach verwendeter Technologie gehen 40% bis 60 % der zur Stromerzeugung benötigten Energie im Produktionsprozess verloren.Schließlich sind erhebliche Fortschritte im Gebäudebereich (Wohn- und Bürogebäude) möglich. Heizung und Beleuchtung dieser Gebäude machen 40 % der in der EU verbrauchten Energie aus und können energiesparender bereitgestellt werden.[1] Tabelle 1 zeigt die möglichen Energieeinsparungen in den Endverbrauchssektoren.

---

[1] http://europa.eu (02.12.2006)

Wirtschaftszweig	Energie-verbrauch 2005 (Mio. t RöE)	Energie-verbrauch 2020 (bei Business as usual) (Mio. t RöE)	Energieein-sparpotential 2020 (Mio. t RöE)	Energieein-sparpotential 2020 insgesamt
Haushalte	280	338	91	27%
Geschäftsgebäude (Tertiärsektor)	157	211	63	30%
Verkehr	332	405	105	26%
Verarbeitende Industrie	297	382	95	25%

Tabelle 1: Schätzungen zum Gesamtpotential für Energieeinsparungen in Endverbrauchssektoren[2]

Die Kosten dieser Unfähigkeit Energie zu sparen werden bis 2020 eine Höhe von jährlich 100 Milliarden Euro erreicht haben[3].

Ein Beispiel, um dieses Ausmaß deutlich zu machen, sind die Nebenkosten von Mietwohnungen, die 2006 bei durchschnittlich 38 % der Gesamtmiete[4] lagen.

Europa muss die Energieeffizienz seiner Mitgliedsstaaten steigern. So kann gleichzeitig die Sicherheit der Energieversorgung erhöht werden, die Kohlenstoffemissionen verringert und die Rahmenbedingungen für einen zukunftsfähigen Markt energieeffizienter Technologien geschaffen werden.

Aus diesem Grund hat die Europäische Union ein Diskussionspapier mit dem Titel: „Eine europäische Strategie für nachhaltige, wettbewerbsfähige und sichere Energie"[5], ein so genanntes Grünbuch erstellt. In diesem soll die Bedeutung einer auf energieeffizientere Verbrauchs- und Produktionsmuster ausgerichteter Europapolitik verdeutlicht werden. Als Konsequenz aus diesem Grünbuch hat der Europäische Rat einen Aktionsplan erstellt, der als Ziel eine Energieeinsparung von 20 % bis 2020 fordert.

Bei Einhaltung dieser Vorgabe würden die Kohlenmonoxidemissionen um mehr als das Doppelte der im Kyoto-Protokoll geforderten Menge zurückgehen.

---

[2] Europäische Kommission, EU-25 Basisszenario und Wuppertal Institut 2005
[3] 390 MTÖ bei einem Nettopreis vor Steuern von 48 USD/Barrel
[4] www.tagesschau.de (3.12.2006)
[5] KOM(2006)105 endgültig vom 8.3.2006

Der Zusatzaufwand an Investitionen würde durch Primärenergieeinsparungen im Wert von 100 Mio. Euro jährlich mehr als aufgewogen.

1.2 Bedeutung der Bauwirtschaft

1.2.1 Allgemein

Der Energieeffizienz im Bausektor wird von der EU besondere Priorität beigemessen. Mit mittlerweile insgesamt 27 % bzw. 30 % des jeweiligen Verbrauchs liegt das größte kosteneffiziente Einsparpotential in Wohngebäuden und gewerblich genutzten Flächen, dem so genannten Tertiärsektor, was zum größten Teil darauf zurückzuführen ist, dass auf sie ein großer Anteil am Gesamtverbrauch entfällt.

Der Bedarf an Beleuchtung, Heizung, Kühlung und fließendem warmen Wasser in Häusern, am Arbeitsplatz und in Freizeitanlagen übersteigt sowohl den Energiebedarf des Verkehrs, als auch der Industrie wie Abb. 1 verdeutlicht.[6]

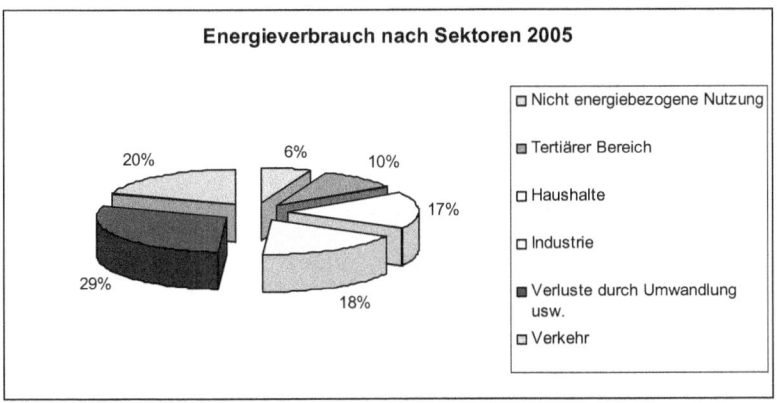

Abb. 1: Energieverbrauch nach Sektoren[7]

Auf Basis des Grünbuches hat die Europäische Union verschiedene Richtlinien erlassen, die von den jeweiligen Mitgliedstaaten innerhalb eines definierten Zeitrahmens in nationales Recht umzusetzen sind.

---

[6] Europäische Kommission, Generaldirektion Energie und Verkehr 2003
[7] Europäische Kommission

Die Richtlinie über die Gesamtenergieeffizienz von Gebäuden ist die 2002/91/EG.

1.2.2 Private Wohnwirtschaft

Zwei Drittel der Energie, die in Gebäuden in Europa verbraucht wird, entfallen auf private Haushalte, deren Verbrauch, jedes Jahr steigt, allein zwischen 1995 und 2005 um 3,5 %[8]. Gründe hierfür sind unter anderem ein höherer Lebensstandard, der sich in dem zunehmenden Einsatz von Elektrogeräten oder auch Klimaanlagen und Heizungen widerspiegelt. Auch die in den letzten 10 Jahren um 13 % gewachsene Wohnfläche leistet ihren Beitrag. Die Ursachen hierfür liegen auch in der demographischen Entwicklung. Immer mehr ältere Menschen leben allein. Der Energieverbrauch pro Haushaltsmitglied ist in einem Single-Haushalt nahezu doppelt so hoch wie in einem Drei- und Mehr-Personen-Haushalt.

Die folgende Abb. 2: „Energieverbrauch im Haushalt" verdeutlicht drastisch, welchen Stellenwert der Energieverbrauch in Gebäuden einnimmt.

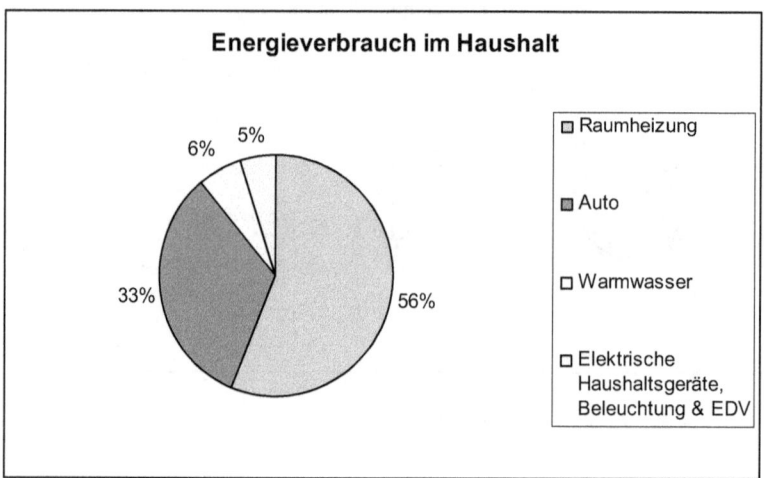

Abb. 2: Energieverbrauch im Haushalt[9]

---

[8] Statistisches Bundesamt
[9] Statistisches Bundesamt

Ein weiteres Problem sind die 10 Millionen Heizkessel in Europa, die älter als 20 Jahre sind. Ihre Erneuerung würde den Energieverbrauch von Heizungen um 5 % senken.

Fast 60 % des Energiebedarfs – vor allem für Raumwärme – lassen sich bei Wohngebäuden, die bis Ende der siebziger Jahre entstanden sind, einsparen. Die dazu notwendigen Investitionen, etwa zur Wärmedämmung oder zur Erneuerung der Heizungsanlage, amortisieren sich oft bereits in weniger als zehn Jahren.[10]

1.3 Rechtlicher Hintergrund

Die Richtlinie 2002/91/EG des Europäischen Parlaments und des Rates vom 16. Dezember 2002 über die Gesamtenergieeffizienz von Gebäuden wurde am 03.01.2003 im Amtsblatt der Europäischen Union veröffentlicht.

Die Kernpunkte dieser Richtlinie lassen sich folgendermaßen zusammenfassen:

- Einführung eines verbindlichen ganzheitlichen Ansatzes für die energetische Bewertung von Gebäuden
- Festlegung von nationalen energetischen Mindeststandards für Neubauten
- Festlegung von nationalen energetischen Mindeststandards im Bestandsbereich (nur bei Gebäuden größer 1.000 m² und bei größerem Modernisierungsumfang)
- Einführung von Energieausweisen – etappenweise auch im Gebäudebestand
- Einführung von Inspektionen bei versorgungstechnischen Anlagen sowie bei Klimaanlagen

Die so genannte EU-Gebäuderichtlinie verpflichtet in Arrtikel 7 alle EU-Mitgliedsstaaten, einen Energieausweis für Gebäude einzuführen. Die Mitgliedsstaaten sind verpflichtet, Rechts- und Verwaltungsvorschriften zu erlassen, um die Verpflichtungen aus der Richtlinie zum 04.01.2006 nach dem jeweiligen nationalen Recht in Kraft zu setzen. Die Bundesregierung hat von ihrem Recht gebrauch gemacht, eine zusätzliche Frist zu beantragen. Daher ist bislang nur

---

[10] Umweltbundesamt

der Entwurf der Neufassung der EnEV bekannt, der sich aber kaum von der Richtlinie 2002/91/EG unterscheiden dürfte, da die große Koalition in ihrem Koalitionsvertrag festgelegt hat EU-Richtlinien 1:1 umzusetzen, um Belastungen für den Bürger durch übermäßige Bürokratie zu verhindern.

Am 24. Oktober 2006 haben sich die Fraktionsvorsitzenden der Koalition über Eckpunkte der Novelle der Energieeinsparverordnung geeinigt. Bis zuletzt wurde über die Grenzen von Bedarfs- und Verbrauchsausweisen gestritten. Dann kam auf Basis einer Vorlage von Bundesumweltminister Sigmar Gabriel der Durchbruch.

Die Bundesregierung hat sich auf Eckpunkte geeinigt, um den Streit um die EnEV-Novellierung beizulegen. Wird jetzt der Fahrplan eingehalten, kommt die EnEV Mitte 2007. Energieausweise werden ab 2008 bei Verkauf und Neuvermietung Pflicht.[11]

1.4 Zielsetzung

Die Auswirkungen der EnEV 2006 auf den privaten Wohnungsmarkt sollen untersucht werden. Es soll ein Katalog entwickelt werden, in dem detailliert beschrieben wird, welche Änderungen sich im Bezug auf bauliche und anlagetechnische Anforderungen der Gesetzeslage ergeben. Insbesondere dem Thema Energieausweis für Wohngebäude wird als zentralem Bestandteil der EnEV besondere Bedeutung beigemessen.

Mittels einer realen Beispielimmobilie werden konkrete Auswirkungen und die daraus resultierenden Handlungsempfehlungen erarbeitet und einander gegenübergestellt.

Abschließend soll untersucht werden, inwieweit die kommende EnEV und der daraus resultierende Energieausweis für Gebäude das Mietpreisniveau beeinflussen werden.

---

[11] www.enev.baurecht-dienst.de (08.12.2006)

2 EnEV

2.1 Gliederung der EnEV – Stand 16. November 2006

Wie in Abb. 3 dargestellt gliedert sich die EnEV in sieben Abschnitte und einen umfangreichen Anhang.

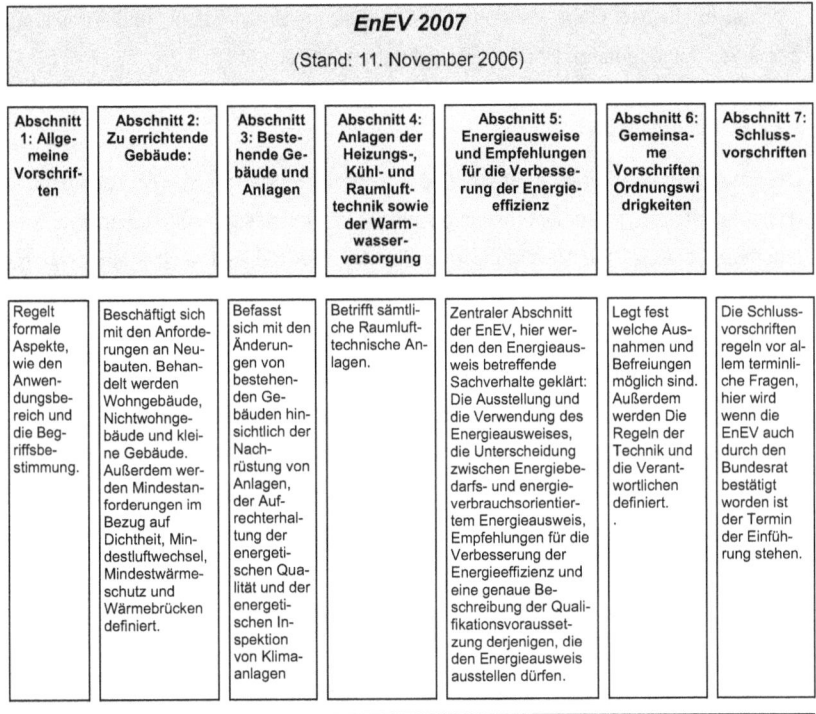

Abb. 3: Gliederung der EnEV 2007

2.2 Rechnerische Grundlagen – Begriffsbestimmung

2.2.1 Primärenergiebedarf

Der Primärenergiebedarf ist die berechnete Energiemenge, die zusätzlich zum Energieinhalt des notwendigen Brennstoffs und der Hilfsenergie für die Anlagentechnik auch die Energiemengen einbezieht, die durch vorgelagerte Prozessketten außerhalb des Gebäudes bei der Gewinnung, Umwandlung und Verteilung der jeweils eingesetzten Brennstoffe entstehen.[12]

2.2.2 Endenergiebedarf

Der Endenergiebedarf ist die berechnete Energiemenge, die der Anlagentechnik (Heizungsanlage, raumlufttechnische Anlage, Warmwasserbereitungsanlage, Beleuchtungsanlage) zur Verfügung gestellt wird, um die festgelegte Rauminnentemperatur, die Erwärmung des Warmwassers und die gewünschte Beleuchtungsqualität über das ganze Jahr sicherzustellen.

Diese Energiemenge bezieht die für den Betrieb der Anlagentechnik benötigte Hilfsenergie ein. Die Endenergie wird an der „Schnittstelle" Gebäudehülle übergeben und stellt somit die Energiemenge dar, die der Verbraucher für eine bestimmungsgemäße Nutzung unter normativen Randbedingungen benötigt. Der Endenergiebedarf wird vor diesem Hintergrund nach verwendeten Energieträgern angegeben[12].

2.2.3 Die Anlagenaufwandszahl e_P

Die Anlagenaufwandszahl e_P beschreibt das Verhältnis der von der Anlagentechnik aufgenommenen fossilen Energie in Relation zu der von ihr abgegebenen Nutzwärme. Sie dient zum Vergleich unterschiedlicher Heizanlagen hinsichtlich ihres Primärenergieaufwands.

---

[12] DIN V 18599-1 : 2005-07

Es gibt drei Verfahren um e_P zu bestimmen:

Diagrammverfahren:

In Abhängigkeit der beheizten Nutzfläche A_N und dem flächenbezogenen Heizwärmebedarf q_H kann man anhand der im Anhang C.5 der DIN V4701-10 und im Beiblatt 1 zur DIN V 4701-10 vordefinierten Anlagensystemen e_P bestimmen. (Anhang C.5 der DIN 4701-10 liegt im Anhang bei.)

Tabellenverfahren:

Im Anhang C.1 bis C.4 der DIN V 4701 werden Kennwerte für Standartprodukte von Heizsystemen angeboten. Mit diesen Kennwerten kann der e_P –Wert für fast jedes Heizsystem bestimmt werden.

Detailliertes Verfahren:

Im Punkt 4.2.6 der DIN V 4701-10 steht eine detaillierte Berechnungsmethode zur Verfügung, mit deren Hilfe der e_P –Wert für jedes Heizsystem genau bestimmt werden kann.

2.2.4 Primärenergiefaktor $f_{P,i}$

Der Primärenergiefaktor $f_{P,i}$ (kWhPrim/kWhEnd) für die Bereitstellung von Heizwärme und Warmwasser gibt den Primärenergieaufwand für die Bereitstellung des Energieträgers wieder. Er berücksichtigt sowohl den Energieinhalt des Rohstoffs als auch die zu seinem Transport und Weiterverarbeitung (vorgelagerten Prozessketten) bis zur Lieferung an den Verbraucher aufgewendete Energie.

Primärenergiefaktor = Primärenergie / Endenergie

2.2.5 Berechnung des Primärenergiebedarfs Q_P

Der Primärenergiebedarf QP ist diejenige fossile Energiemenge, die gewonnen werden muss, um den Gesamtenergiebedarf für die Beheizung und ggf. zur Trinkwassererwärmung des Gebäudes zu decken, also auch den Energiebedarf, der für die Gewinnung, die Umwandlung und den Transport des Energieträgers notwendig ist.[13]

Berücksichtigt wird nur die Energiemenge, die durch fossile Energieträger wie Erdöl, Erdgas und Kohle gedeckt wird. Bei regenerativen Energiequellen wie z. B. Holz wird kein Primärenergiebedarf angesetzt, weil dieser CO_2 neutral ist. Das bedeutet, dass die bei der Verbrennung freiwerdende Menge an Kohlendioxid (CO_2) beim Nachwachsen des Rohstoffes wieder gebunden wird. Je mehr die im Haushalt benötigte Endenergie Q_E durch regenerative Energien gedeckt wird, desto höher darf diese im Nachweisverfahren angesetzt werden.

Es gibt zwei Möglichkeiten Q_P zu berechnen:

Mit der Anlagenaufwandszahl e_P:

$Q_P = (Q_h + Q_W) \cdot e_P$

Q_P	= Primärenergiebedarf	kWh/a
Q_h	= Heizwärmwbedarf	kWh/a
Q_W	= Heizwärmebedarf Warmwasser	kWh/a
e_P	= Anlagenaufwandszahl	-

Mit dem Primärenergiefaktor f_P

$\text{Heizung } Q_{H,P} \quad \text{Trinkwasser } Q_{TW,P} \quad \text{Lüftung } Q_{L,P} \quad \text{Hilfsenergie } Q_{HE,P}$

$Q_P = [(Q_{H,E} \cdot f_{P,i}) + (Q_{TW,E} \cdot f_{P,i}) + (Q_{L,E} \cdot f_{P,i})] + (Q_{H,HE,E} + Q_{TW,HE,E} + Q_{L,HE,E}) \cdot f_{P,i}$

Q_P	=	Primärenergiebedarf	kWh/a
$Q_{H,E}$	=	Heizung Energiebedarf	kWh/a
$Q_{L,E}$	=	Lüftung Energiebedarf	kWh/a
$Q_{TW,W}$	=	Trinkwasser Energiebedarf	kWh/a
$f_{P,i}$	=	zugehöriger Primärenergiefaktor (nach DIN V 4701-10)	-
$Q_{H,HE,E}$	=	Hilfs-Endenergiebedarf Heizung	kWh/a
$Q_{TW,HE,E}$	=	Hilfs-Endenergiebedarf Trinkwasser	kWh/a
$Q_{L,HE,}$	=	Hilfs-Endenergiebedarf Lüftung	kWh/a

---

[13] Volland und Volland (2006) S. 4

2.3 Abschnitt 1: Allgemeine Vorschriften

Die EnEV gilt für Gebäude, deren Räume unter Einsatz von Energie beheizt oder gekühlt werden. Daher die EnEV gilt für alle Gebäude, die konstant bewohnt sind und für Gebäude, in denen regelmäßig gearbeitet wird. Im § 1 dem Anwendungsbereich sind weiterhin viele Ausnahmen definiert, die den „normalen" Wohnimmobilienmarkt aber nicht betreffen, so z. B. unterirdische Gebäude oder Gewächshäuser.

Der Begriff des Wohngebäudes ist in § 2 nochmals genau definiert. So sind Wohngebäude laut EnEV auch Wohn-, Alten und Pflegeheime, da sie wie in der Definition gefordert überwiegend dem Wohnen dienen.

2.4 Abschnitt 2: Zu errichtende Gebäude

2.4.1 Anforderungen an Wohngebäude

a) Zu errichtende Wohngebäude sind so auszuführen, dass der Jahres-Primärenergiebedarf für Heizung, Warmwasserbereitung und Lüftung sowie der spezifische, auf die wärmeübertragende Umfassungsfläche Transmissionswärmeverlust die Höchstwerte in Tabelle 2 nicht überschreiten.

Zwischenwerte zu den in Tabelle 1 festgelegten Höchstwerten sind nach folgenden Gleichungen zu ermitteln:

- Bei Wohngebäude mit überwiegender Warmwasserbereitung aus elektrischem Strom: $Q_P'' = 50{,}94 + 75{,}29 \cdot A/V_e + 2600/(100+ A_N)$ in $kWh/(m^2 \cdot a)$
- Bei Wohngebäuden, außer solchen mit überwiegender Warmwasserbereitung aus elektrischem Strom: $Q_P'' = 68{,}74 + 75{,}29 \cdot A/V_e$ in $kWh/(m^2 \cdot a)$
- Spezifischer, auf die wärmeübertragende Umfassungsfläche bezogener Transmissonswärmeverlust: $H_T' = 0{,}3 + 0{,}15/(A/V_e)$ in $W/(m^2 \cdot K)$

| Verhältnis A/V$_e$ | Jahres-Primärenergiebedarf Q$_P$'' in kWh/(m²·a) bezogen auf die Gebäudenutzfläche | | Spezifischer, auf die wärmeübertragende Umfassungsfläche bezogener Transmissonswärmeverlust H$_T$' in W/(m²·K) |
	Wohngebäude außer solchen nach Spalte 3	Wohngebäuden mit überwiegender Warmwasserbereitung aus elektrischem Strom	Wohngebäude
1	2	3	4
≤ 0,2	66,00 + 2600/(100+A$_N$)	83,8	1,05
0,3	73,53 + 2600/(100+A$_N$)	83,8	0,8
0,4	81,06 + 2600/(100+A$_N$)	98,86	0,68
0,5	88,58 + 2600/(100+A$_N$)	106,39	0,6
0,6	96,11 + 2600/(100+A$_N$)	113,91	0,55
0,7	103,64 + 2600/(100+A$_N$)	121,44	0,51
0,8	111,17 + 2600/(100+A$_N$)	128,97	0,49
0,9	118,70 + 2600/(100+A$_N$)	136,5	0,47
1	126,23 + 2600/(100+A$_N$)	144,03	0,45
≥ 1,05	130,00 + 2600/(100+A$_N$)	147,79	0,44

Tabelle 2: Höchstwerte des auf die Gebäudenutzfläche bezogenen Jahres-Primärenergiebedarfs und des spezifischen, auf die wärmeübertgede Umfassungsfläche bezogenen Transmissionswärmeverluste in Abhängigkeit vom Verhältnis A/V$_e$[14]

b) Bei Wohngebäuden mit einem Fensterflächenanteil von bis zu 30% wird der Primärenergiebedarf und der spezifische, auf die wärmeübertragende Umfassungsfläche bezogene Transmissionswärmeverlust folgendermaßen berechnet (vereinfachtes Verfahren gemäß: EnEV Anhang 1 Nr. 3):

---

[14] EnEV, Anhang 1, Tabelle 1

$Q_P = (Q_h + Q_W) \cdot e_P$ kWh/(m² ·a)

Q_h = Jahres-Heizwärmwbedarf	kWh/a
Q_W = Heizwärmebedarf Warmwasser	kWh/a
e_P = Anlagenaufwandszahl	-
V_e = beheiztes Gebäudevolumen, das von der wärmeübertragenden Umfassungsfläche A umschlossen ist	m³
A_N = Gebäudenutzfläche ($A_N = 0{,}32 \cdot V_e$)	m³
U_i = Wärmedurchgangskoeffizient der entspr. Umfassungsflächen	W/(m² · K)
A_i = die entspr. Umfassungsflächen	m²
A = die Summe aller Umfassungsflächen	m²

	Zu ermittelnde Größen	Gleichung	Zu verwendende Randbedingungen
	1	2	3
1	Jahres-Heizwärmebedarf Q_h	$Q_h = (H_T + H_V) - 0{,}95 \, (Q_S + Q_i)$	
2	Spezifischer Transmissionswärmeverlust H_T	$H_T = \sum(F_{xi} U_i A_i) + 0{,}05A$	Temperatur-Korrekturfaktoren F_{xi} nach Tabelle 4
	Bezogen auf die wärmeübertragende Umfassungsfläche	$H_{T'} = \dfrac{H_T}{A}$	
3	Spezifischer Lüftungswärmeverlust H_V	$H_V = 0{,}19 V_e$	Ohne Dichtheitsprüfung
		$H_V = 0{,}163 \, V_e$	Mit Dichtheitsprüfung
4	Solare Gewinne Q_S	$Q_S = \sum(I_S)_{j,HP} \sum 0{,}567 g_i A_i$	Solare Einstrahlung: Orientierung — $I_{S,HP}$ Südost bis Südwest — 270 kWh/(m²·a) Nordwest bis Nordost — 100 kWh/(m²·a) Übrige Richtungen — 155 kWh/(m²·a) Dachflächenfenster mit Neigung < 30° — 225 kWh/(m²·a) Die Fläche der Fenster A_i mit der Orientierung j (Süd, West, Ost, Nord und Horizontal) ist nach der lichten Fassadenöffnung zu ermitteln.
5	Interne Gewinne Q_i	$Q_i = 22 A_N$	A_N: Gebäudenutzfläche

Tabelle 3: Vereinfachtes Verfahren zur Ermittlung des Jahres-Heizwärmebedarfs[15]

---

[15] EnEV, Anhang 1, Tabelle 2

Wärmestrom nach außen über Bauteil i	Temperatur-Korrekturfaktor F_{xi}
Außenwand, Fenster	1
Dach (als Systemgrenze)	1
Oberseite Geschossdecke (Dachraum nicht ausgebaut)	0,8
Abseitswand (Drempelwand)	0,8
Wände und Decken zu unbeheizten Räumen	0,5
Unterer Gebäudeabschluss: - Kellerdecke/-wände zu unbeheiztem Keller - Fußboden auf Erdreich - Flächen des beheizten Kellers gegen Erdreich	0,6

Tabelle 4: Temperatur-Korrekturfaktor F_{xi}[16]

Bei einem Fensterflächenanteil von mehr als 30 % kann das vereinfachte Verfahren nicht angewendet werden. Derartige Gebäude müssen nach dem im Anhang 1 Nr. 2 festgelegten Verfahren der EnEV berechnet werden.

c) Die Begrenzung des Jahres-Primärenergiebedarfs nach a) gilt nicht für Wohngebäude, die überwiegend durch Heizsysteme beheizt werden, die in der DIN V 4701: 2003-08 nicht berücksichtigt sind.

Dieser Abschnitt wird in der Praxis, bei Privatpersonen kaum Bedeutung haben, da in der DIN V 4701 alle gängigen Heizsysteme beschrieben sind.

Falls doch ein Heizsystem verwendet wird, dass in der DIN V 4701: 2003-08 nicht berücksichtigt wird, darf der spezifische auf die wärmeübertragende Umfassungsfläche bezogene Transmissionswärmeverlust 76 % der in Abb. 3 Spalte 4 genannten Werte nicht überschreiten.

d) Nicht nur zu geringer Wärmeschutz im Winter, sondern auch ungenügender Sonnenschutz im Sommer kann zu erhöhtem Energieverbrauch führen, da zu hohe Innentemperaturen durch Sonneneinstrahlung Kühlmechanismen benötigen. Deshalb ist der höchstzulässige Sonneneintragskennwert in DIN 4108 - 2: 2003-07 Abschnitt 8 festgelegt.

---

[16] EnEV, Anhang 1, Tabelle 3

Ermittlung des vorhandenen Sonneneintragswertes S

$$S = \sum_j (A_{W,j} \cdot g_{total,j}) / A_G$$

Der Sonneneintragskennwert berechnet sich durch die Multiplikation der einzelnen Fensterflächen $A_{W,j}$ mit dem Energiedurchlassgrad $g_{total,j}$ dividiert durch die Netto-Grundfläche des Raumes oder des Raumbereiches A_G

$A_{W,j}$ = Fensterflächen nach Rohbaumaßen
$g_{total,j}$ = Gesamtenergiedurchlassgrad der Verglasung, inkl. Sonnenschutz
$g_{total,j} = g \cdot F_C$
F_C = Abminderungsfaktor von Sonnenschutzvorrichtungen
g = Gesamtenergiedurchlassgrad nach DIN EN 410 oder Herstellerangaben

Zeile		Sonnenschutzvorrichtung	F_C
1		Ohne Sonnenschutzvorrichtung	1,0
2		Innen liegend oder zwischen den Scheiben	
	2.1	Weiß oder reflektierende Oberfläche mit geringer Transparenz	0,75
	2.2	Helle Farben oder geringe Transparenz	0,8
	2.3	Dunkle Farbe oder höhere Transparenz	0,9
3		Außenliegend	
	3.1	Drehbare Lamellen, hinterlüftet	0,25
	3.2	Jalousien und Stoffe mit geringer Transparenz, hinterlüftet	0,25
	3.3	Jalousien, allgemein	0,4
	3.4	Rolläden, Fensterläden	0,3
	3.5	Vordächer, Loggien, freistehende Lamellen	0,5
	3.6	Markisen, oben und seitlich ventiliert	0,4
	3.7	Markisen, allgemein	0,5
Bemerkungen:			
• Sonnenschutzvorrichtungen müssen fest installiert sein. Dekorative Vorhänge gelten nicht als Sonnenschutzvorrichtung			
• Eine Transparenz der Sonnenschutzvorrichtung unter 15 % gilt als gering			
• Bei Vordächern, Loggien, Markisen und freistehenden Lamellen muss sichergestellt sein, dass keine direkte Besonnung des Fensters erfolgt			

Tabelle 5: Anhaltswerte für Abminderungsfaktoren F_C von fest installierten Sonnenschutzvorrichtungen[17]

---

[17] DIN 4108-2:2003-07, Abschnitt 8, Tabelle 8

Ermittlung des Sonneneintragskennwertes S_X:

1. Festlegen der Klimaregion nach DIN 4108-2 Bild 3

   Für den Wärmeschutz ist die durchschnittliche Außentemperatur von Bedeutung. Deutschland teilt sich in drei unterschiedliche Klimaregionen, für die anteilige Sonneneintragswerte festgelegt sind:

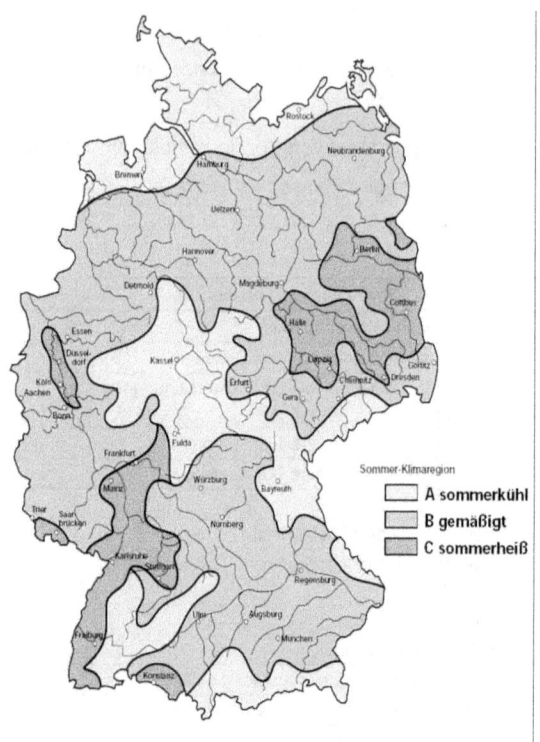

Abb. 4: Sommer-Klimaregionen, die für den sommerlichen Wärmeschutznachweis gelten[18]

Anteiliger Sonneneintragskennwert S_X:
- Region A: S_X: S_X = + 0,04
- Region B: S_X: S_X = + 0, 3
- Region C: S_X: S_X = + 0,015

---

[18] DIN 4108-2:2003-07, Abschnitt 8, Bild 3

2. Festlegen der Gebäudeart in Bezug auf seine Speicherfähigkeit C_{wirk}:
   Je höher die Speicherfähigkeit C_{wirk}, desto geringer die Wärmebelastung im Sommer. Es wurden drei Gebäudearten festgelegt:
   - leichte Bauart: $C_{wirk}/A_G < 50$ Wh/(m² · K)
   - mittlere Bauart: 50 Wh/(m² · K) $\leq C_{wirk}/A_G \leq 130$ Wh/(m² · K)
   - schwere Bauart: $C_{wirk}/A_G > 130$ Wh/(m² · K)

   Anteiliger Sonneneintragswert S_X:
   - leichte Bauart: $S_X = + 0{,}060 \cdot f_{gew}$
   - mittlere Bauart: $S_X = + 0{,}100 \cdot f_{gew}$
   - schwere Bauart: $S_X = + 0{,}115 \cdot f_{gew}$

   f_{gew} = Netto-Grundfläche AG bezogen auf die Außenfläche des Raumes
   f_{gew} = $(A_W + 0{,}3 \cdot A_W + 0{,}1 \cdot A_D) / A_G$
   A_W = Fensterfläche (einschließlich Dachfenster)
   A_{AW} = Außenwandfläche
   A_D = Trennfläche von Dächern oder Decken nach oben oder unten, sowie Decken oder Wände gegen unbeheizte Keller- oder Dachräume und Böden gegen Erdreich
   A_G = Nettogrundfläche

3. Erhöhte Nachtlüftung während der zweiten Nachthälfte $n \geq 1{,}5$ h-1
   Bei Ein- und Zweifamilienhäusern ist in der Regel immer von erhöhter Nachtlüftung auszugehen.

   - bei leichter und mittlerer Bauart: $S_X = +0{,}02$
   - bei schwerer Bauart: $S_X = +0{,}03$

4. Fensterneigung
   Die Fensterneigung hat großen Einfluss darauf, wie viel Sonnenenergie in ein Gebäude gelangt. Ist ein Fenster weniger als 60° gegenüber der Horizontalen geneigt erhöht sich die Sonneneinstrahlung erheblich.

Fensterneigung: $0 \leq \alpha \leq 60°$ (α = Winkel gegenüber der Horizontalen)

$S_X = -0{,}12 \cdot f_{neig}$

$f_{neig} = A_{W,neig} / A_G$

$A_{W,neig}$ = Fläch der Fenster mit einer Neigung $\leq 60°$

5. Orientierung

   Fenster die nordorientiert oder andauernd verschattet sind, weisen nur eine geringe Sonneneinstrahlung auf, deshalb kann hier der zulässige f_X – Wert erhöht werden.

   Fensterneigung: Nordwest- über nord- bis nordost-orientierte Fenster mit einer Neigung gegenüber der Horizontalen von $\alpha > 60°$ und Fenster, die andauernd durch das Gebäude selbst verschattet werden.

$S_X = +0{,}10 \cdot f_{nord}$

$f_{nord} = A_{W,nord} / A_{W,\,gesamt}$

$A_{W,nord}$ = alle nordorientierten oder dauernd verschatteten Fenster

$A_{W,\,gesamt}$ = Gesamtfläche des Raumes

6. Addieren der S_X-Werte

   Die in den Punkten 1. - 5. ermittelten Sonneneintragskennwerte S_X müssen nun zum zulässigen Sonneneintragswert S_{zul} addiert werden.

$S_{zul} = \sum S_X$

Anschließend wird dieser mit dem vorhandenen Sonneneintragswert S verglichen. Der vorhandene Sonneneintragswert S darf den zulässigen Höchstwert S_{zul} nicht überschreiten.

$S \leq S_{zul}$

e) Gebäude, die mit einer Anlage zur Kühlung unter Einsatz von elektrischer oder aus fossilen Brennstoffen gewonnener Energie ausgestattet werden, sind so auszuführen, dass sie den Jahres-Primärenergiebedarf für Heizung,

Warmwasserbereitung, Lüftung und Kühlung eines definierten Referenzgebäudes gleicher Geometrie, Ausrichtung und Nutzung nicht überschreiten. Die technischen Ausführungen des Referenzgebäudes sind in der EnEV im Anhang 2 Tabelle 1 dargestellt.

Für die Berechnung des Jahres-Primärenergiebedarf gilt in diesem Fall Anhang 2 Nr. 2 der EnEV.

2.4.2 Berücksichtigung alternativer Energieversorgungssysteme

Bei Neubauten mit mehr als 1.000 m² Gebäudenutzfläche ist die technische, ökologische und wirtschaftliche Einsetzbarkeit alternativer Systeme, wie dezentrale Energieversorgung, auf der Grundlage erneuerbarer Energieträger wie z. B. Wärmepumpen, zu berücksichtigen.

2.4.3 Dichtheit, Mindestluftwechselzahl

Neubauten sind so zu erstellen, dass die wärmeübertragenden Umfassungsflächen einschließlich der Fugen, dauerhaft luftundurchlässig, entsprechend den anerkannten Regeln der Technik sind. Die Fugendurchlässigkeit außen liegender Fenster, Fenstertüren und Dachflächenfenster muss folgenden Werten der DIN EN 12207-1 : 2006-06 genügen.

	Anzahl der Vollgeschosse des Gebäudes	Klasse der Fugendurchlässigkeit nach DIN EN 12207-1:2006
1	Bis zu 2	2
2	Mehr als 2	3

Tabelle 6: Klassen der Fugendurchlässigkeit von außenliegenden Fenstern, Fenstertüren und Dachflächenfenstern[19]

---

[19] EnEV, Anhang 4, Tabelle 1

Wird die Dichtheit des Gebäudes überprüft, darf der nach DIN EN 13829 : 2001-02 bei einer Druckdifferenz zwischen Innen und Außen von 50 Pa gemessene Volumenstrom, bezogen auf das beheizte Luftvolumen, bei Gebäuden

- ohne raumlufttechnische Anlagen $3\ h^{-1}$ und
- mit raumlufttechnischen Anlagen $1,5\ h^{-1}$

nicht überschreiten.

2.4.4 Mindestwärmeschutz, Wärmebrücken

Bei Neubauten ist darauf zu achten, dass Bauteile, die gegen Außenluft, Erdreich oder Gebäudeteile mit wesentlich niedrigeren Innentemperaturen angrenzen, so auszuführen sind, dass der Mindestwärmeschutz nach den anerkannten Regeln der Technik eingehalten wird. Weiterhin ist zu berücksichtigen, dass der Einfluss konstruktiver Wärmebrücken wie z. B. Heizkörpernischen, auf den Jahres-Primärenergiebedarf so gering wie möglich bleibt.

Für die Berechnung des Jahres-Primärenergiebedarfs sind die Wärmebrücken am einfachsten durch eine generelle Erhöhung der Wärmedurchgangskoeffizienten um $\Delta U_{WB} = 0{,}10\ W/(m^2 \cdot K)$ für die gesamte wärmeübertragende Umfassungsfläche zu berücksichtigen.

2.4.5 Kleine Gebäude

Als kleine Gebäude gelten in der EnEV Wohngebäude mit bis zu 50 m² Gebäudenutzfläche. Da Wohngebäude mit derart geringer Gebäudenutzfläche eher Ausnahmen bilden, soll hier auf die Ermittlung der Anforderungen nicht näher eingegangen werden. Die genauen Anforderungen an Außenbauteile und Anlagen der Heizungs-, Kühl-, und Raumlufttechnik sind im Anhang 3 und Abschnitt 4 der EnEV zu finden.

2.5 Abschnitt 3: Bestehende Gebäude und Anlagen

2.5.1 Änderung von Gebäuden

Änderungen an Gebäuden, die die

- Außenwände,
- Fenster, Fenstertüren und Dachflächenfenster,
- Außentüren,
- Decken, Dächer und Dachschrägen,
- Wände und Decken gegen unbeheizte Räume und gegen Erdreich oder
- Vorhangfassaden

betreffen, müssen so ausgeführt werden, dass die Höchstwerte des Jahres-Primärenergiebedarfs und des spezifischen, auf die wärmeübertragende Umfassungsfläche bezogenen Transmissionswärmeverlustes, die Werte aus Tabelle 1 um nicht mehr als 40 % überschreiten oder den Werten aus Tabelle 6 genügen.

Berechnet wird der auf die wärmeübertragende Umfassungsfläche bezogene Transmissionswärmeverlust wie in Kapitel 2.4.1 Abschnitt b) beschrieben. Außer die durchschnittliche Geschosshöhe der Vollgeschosse beträgt mehr als 2,5 m, dann ist zu der vereinfachten Ermittlung des Jahres Heizwärmebedarfs gemäß Tabelle 7 vorzugehen.

Falls Angaben zur Gebäudegeometrie fehlen, dürfen diese geschätzt werden. Falls energetische Kennwerte für bestehende Bauteile oder Anlagensysteme nicht vorliegen, dürfen gesicherte Erfahrungswerte aus der Praxis angesetzt werden.

Bei derartigem Vorgehen können allgemein anerkannte Regeln der Technik angewendet werden. Die Einhaltung der anerkannten Regeln der Technik wird vorausgesetzt, wenn Vereinfachungen für die Datenaufnahme und die Ermittlung der energetischen Eigenschaften sowie gesicherte Erfahrungswerte verwendet werden, die vom Bundesministerium für Verkehr, Bau und Stadtentwicklung im Einvernehmen mit dem Bundesministerium für Wirtschaft und Technologie im Bundesanzeiger bekannt gemacht worden sind.

	Zu ermittelnde Größen	Gleichung	Zu verwendende Randbedingungen		
	1	2	3		
1	Jahres-Heizwärmebedarf Q_h	$Q_h = F_{GT} \cdot (H_T + H_V) - \eta_{HP} \cdot (Q_S + Q_i)$	$H_T + H_V / A_V$	F_{GT}	η_{HP}
			W/(m²·K)	kKh/a	
			<1	66	0,9
			1 - 2	75	0,9
			>2	82	0,9
2	Spezifischer Transmissionswärmeverlust H_T	$H_T = \sum(F_{xi} U_i A_i) + A \cdot \Delta U_{WB}$	Wärmebrückenzuschlag ΔU_{WB} Temperatur-Korrekturfaktoren F_{xi} nach Tabelle 4		
	Bezogen auf die wärmeübertragende Umfassungsfläche	$H_T' = H_T / A$			
3	Spezifischer Lüftungswärmeverlust H_V	$H_V = 0,27 V_e$	Bei offensichtlichen Undichtheiten		
		$H_V = 0,19 V_e$	Ohne Dichtheitsprüfung		
		$HV = 0,163 Ve$	Mit Dichtheitsprüfung		
4	Solare Gewinne Q_S	$Q_S = \sum(I_S)_{j,HP} \sum 0,567 g_i A_i$ mit $I_{S,HP}$: Solare Einstrahlung in der Heizperiode je Himmelsrichtung j	Orientierung	$H_T + H_V / A_N$	$(I_s)_{j,HP}$
				W/(m²·K)	kWh/(m²·a)
			Südost bis Südwest	<1	270
				1 – 2	410
				>2	584
			Nordwest bis Nordost	<1	100
				1 – 2	215
				>2	400
			übrige Richtungen	<1	155
				1 – 2	300
				>2	480
			Dachflächenfenster mit Neigung < 30°	<1	225
				1 – 2	455
				>2	745
5		$Q_i = 22 A_N$	A_N: Gebäudenutzfläche		

Tabelle 7: Vereinfachtes Verfahren zur Ermittlung des Jahres-Heizwärmebedarfs bei bestehenden Wohngebäuden[20]

---

[20] EnEV, Anhang 3, Tabelle 2

Hinweise zu Tabelle 7:

- Die Wärmedurchgangskoeffizienten der Bauteile U_i sind auf der Grundlage der nach den Landesbauordnungen bekannt gemachten energetischen Kennwerte für Bauprodukte zu ermitteln oder technischen Produkt-Spezifikationen (z. B. für Dachflächenfenster) zu entnehmen.
- Wärmebrücken ΔU_{WB} sind auf einer der folgenden Arten zu berücksichtigen:
    - Im Regelfall durch Erhöhung der Wärmedurchgangskoeffizienten um: ΔU_{WB} = 0,10 (W/m²·K) für die gesamte wärmeübertragende Umfassungsfläche.
    - Wenn mehr als 50 % der Außenwand mit einer innenliegenden Dämmschicht und einbindender Massivdecke versehen sind, muss der Wärmedurchgangskoeffizienten um: ΔU_{WB} = 0,15 W/(m²·K) für die gesamte wärmeübertragende Umfassungsfläche erhöht werden.
    - Bei vollständiger energetischer Modernisierung aller zugänglicher Wärmebrücken muss die DIN 4108 Beiblatt 2:2006-03 berücksichtigt werden. Die Wärmedurchgangskoeffizienten müssen um: ΔU_{WB} = 0,05 (W/m²·K) für die gesamte wärmeübertragende Umfassungsfläche erhöht werden.
    - Durch genauen Nachweis nach DIN V 4108 – 6:2003-06 in Verbindung mit weiteren anerkannten Regeln der Technik
- Die Gebäudenutzfläche A_N ist bei Gebäuden mit einer Geschosshöhe über 2,5 m wie folgt zu ermitteln:

    $A_N = 0,32 \cdot V_e - 0,12 \cdot (h_G - 2,5)$ m²

Eine Einhaltung der genannten Richtwerte ist nicht notwendig, wenn die Änderung am Gebäude Außenwände, Fenster oder Fenstertüren betreffen, die weniger als 20 % der Bauteilflächen gleicher Orientierung ausmachen.

Bei der Erweiterung eines Gebäudes um mindestens zusammenhängende 10 m² sind die Vorschriften für zu errichtende Gebäude zu beachten.

2.5.2 Nachrüstung bei Anlagen und Gebäuden

Eigentümer von Gebäuden müssen Heizkessel, die mit flüssigem oder festem Brennstoff beschickt werden und vor dem 1. Oktober 1978 installiert wurden, bis zum 31. Dezember 2008 außer Betrieb nehmen.

Ausgenommen sind:
- Niedertemperatur-Heizkessel,
- Brennwertkessel,
- heizungstechnische Anlagen, deren Nennleistung weniger als 4 Kilowatt oder mehr als 400 Kilowatt beträgt,
- Heizkessel, die für den Betrieb mit Brennstoffen ausgelegt sind die von den marktüblichen flüssigen oder gasförmigen Brennstoffen erheblich abweichen,
- Anlagen zur ausschließlichen Warmwasserbereitung und
- Küchenherde und Geräte, die hauptsächlich zur Beheizung des Raumes, in dem sie eingebaut oder aufgestellt sind, ausgelegt sind, daneben aber auch Warmwasser für die Zentralheizung und für sonstige Gebrauchszwecke liefern.

Bei Wohngebäuden mit nicht mehr als zwei Wohnungen, von denen der Eigentümer am 1. Februar 2002 eine Wohnung selbst bewohnt hat:
- Ist nur dann eine Außerbetriebnahme verpflichtend, wenn das Gebäude nach dem 1. Februar 2002 erworben wurde.
- Müssen bei heizungstechnischen Anlagen ungedämmte, zugängliche Wärmeverteilungs- und Warmwasserleitungen, die sich in unbeheizten Räumen befinden, nach Tabelle 8 zur Begrenzung der Wärmeabgabe erst im Falle eines Eigentümerwechsels, der nach dem 1. Februar 2002 stattgefunden hat, von dem neuen Eigentümer gedämmt werden.

Zeile	Art der Leitungen/Armaturen	Mindestdicke der Dämmschicht, bezogen auf eine Wärmeleitfähigkeit von 0,035 W/(m²·K)
1	Innendurchmesser bis 22 mm	20 mm
2	Innendurchmesser über 22 mm bis 35 mm	30 mm
3	Innendurchmesser über 35 mm bis 100 mm	Gleich Innendurchmesser
4	Innendurchmesser über 100 mm	100 mm
5	Leitungen und Armaturen nach den Zeilen 1 bis 4 in Wand- und Deckendurchbrüchen, im Kreuzungsbereich von Leitungen, an Leitungsverbindungsstellen, bei zentralen Leitungsnetzverteilern	½ der Anforderungen Zeilen 1 bis 4
6	Leitungen von Warmwasserzentralheizungen nach den Zeilen 1 bis 4, die nach dem 31. Januar 2002 in Bauteilen zwischen beheizten Räumen verschiedener Nutzer verlegt werden	½ der Anforderungen Zeilen 1 bis 4
7	Leitungen nach Zeile 6 im Fußbodenaufbau	6 mm

Tabelle 8: Wärmedämmung von Wärmeverteilungs- und Warmwasserleitungen sowie Armaturen[21]

- Müssen ungedämmte, nicht begehbare aber zugängliche oberste Geschossdecken beheizter Räume erst im Falle eines Eigentümerwechsels, der nach dem 1. Februar 2002 stattgefunden hat, von dem neuen Eigentümer so gedämmt werden, dass der Wärmedurchgangskoeffizient der Geschossdecke 0,30 W/(m²·K) nicht überschreitet.

2.5.3 Aufrechterhaltung der energetischen Qualität

Außenbauteile und Anlagen der Heizungs-, Kühl- und Raumlufttechnik sowie der Warmwasserversorgung, dürfen nicht dahingehend verändert werden, dass die energetische Qualität sich verschlechtert. Energetische Verschlechterungen an Bauteilen können durch Verbesserungen der Anlagen oder umgekehrt ausgeglichen werden.

Anlagen der Heizungs-, Kühl- und Raumlufttechnik sowie der Warmwasserversorgung müssen regelmäßig fachkundig gewartet werden.

---

[21] EnEV, Anhang 5, Tabelle 1

2.5.4 Energetische Inspektion von Klimaanlagen

Betreiber von Klimaanlagen mit einer Nennleistung von mehr als 12 Kilowatt haben regelmäßige Inspektionen durch berechtigte Personen durchzuführen. Die Inspektionen müssen unter anderem eine Prüfung der auf die Auslegung einwirkenden Einflüsse wie z. B. geänderte Raumnutzung beinhalten. Wichtig ist auch die Überprüfung der Effizienz der Anlage. Gegebenfalls sind geeignete Ratschläge zur Verbesserung der energetischen Effizienz einzuholen.

Zehn Jahre nach Inbetriebnahme oder Erneuerung wesentlicher Bestandteile ist eine erste Inspektion vorzunehmen. Die inspizierende Person hat die Ergebnisse der Inspektion unter Angabe von Name, Anschrift und Berufsbezeichnung zu dokumentieren und eigenhändig zu unterschreiben. Danach ist die Inspektion mindestens alle zehn Jahre zu wiederholen. Zur Durchführung von Inspektionen sind nur Hochschulabsolventen der entsprechenden Studienrichtungen mit einschlägiger Berufserfahrung zugelassen.

2.6 Abschnitt 4: Anlagen der Heizungs-, Kühl- und Raumlufttechnik, sowie der Warmwasserversorgung

2.6.1 Inbetriebnahme von Heizkesseln

Heizkessel, die mit flüssigem oder gasförmigem Brennstoff beschickt werden und deren Nennleistung mindestens 4 und höchstens 400 Kilowatt beträgt, müssen mit CE-Kennzeichnung versehen sein, oder der EG-Richtlinie 92/42/EWG entsprechen.

2.6.2 Verteilungseinrichtungen und Warmwasseranlagen

Zentralheizungen müssen beim Einbau mit zentralen, selbsttätig wirkenden Einrichtungen zur Verringerung und Abschaltung der Wärmezufuhr sowie zur Ein- und Ausschaltung elektrischer Antriebe in Abhängigkeit der Zeit und der Außentemperatur ausgestattet sein. Sofern eine derartige Ausstattung nicht vorhanden ist, muss sie nachgerüstet werden. Heizungstechnische Anlagen mit Wasser als Wärmeträger müssen raumweise regelbar sein. Fußbodenheizungen, die vor dem 1. Februar 2002 eingebaut worden sind, dürfen mit Einrichtungen zur raumweisen Anpassung der Wärmeleistung an die Heizlast ausgestattet werden. Umwälzpumpen in Heizkreisen von Zentralheizungen mit mehr als 25 Kilowatt Nennleistung müssen beim Einbau so ausgestattet sein, dass die elektrische Leistungsaufnahme den betriebsbedingten Förderbedarf selbsttätig mindestens in drei Stufen anpasst. Zirkulationspumpen müssen beim Einbau in Warmwasseranlagen mit selbsttätig wirkenden Einrichtungen zur Ein- und Ausschaltung ausgestattet werden.

Beim Einbau von Wärmeverteilungs- und Warmwasserleitungen sowie von Armaturen ist deren Wärmeabgabe nach Tabelle 8 zu begrenzen. Einrichtungen, in denen Heiz- oder Warmwasser gespeichert wird, sind nach den anerkannten Regeln der Technik zu dämmen.

2.6.3 Anlagen der Kühl- und Raumlufttechnik

Beim Einbau von Klimaanlagen mit einer Nennleistung von mehr als 12 Kilowatt und raumlufttechnischen Anlagen, die für einen Volumenstrom von wenigstens 4.000 Kubikmeter je Stunde ausgelegt sind, müssen diese so ausgeführt werden, dass die auf das Fördervolumen bezogene elektrische Leistung der Einzelventilatoren oder der gewichtete Mittelwert, der auf das jeweilige Fördervolumen bezogenen elektrischen Leistungen aller Zu- und Abluftventilatoren den Grenzwert von

$$1.250 - 2.000 \; P_{SFP} \, [W \cdot m^3 \cdot s]$$

nicht überschreitet. Beim Einbau von derartigen Anlagen, soweit diese die Raumluftfeuchte verändern, muss dieser Vorgang regelbar sein. Die Anlagen müssen weiterhin mit Einrichtungen zur selbsttätigen Regelung der Volumenströme in Abhängigkeit von den thermischen und stofflichen Lasten oder zur Einstellung der Volumenströme in Abhängigkeit der Zeit ausgestattet werden. Dies gilt allerdings nur, wenn der Zuluftvolumenstrom je Quadratmeter versorgter Gebäudenutzfläche neun Kubikmeter überschreitet.

2.7 Abschnitt 5: Energieausweise und Empfehlungen für die Verbesserung der Energieeffizienz

2.7.1 Ausstellung und Verwendung von Energieausweisen

Wird ein Gebäude neu erstellt oder geändert, hat der Eigentümer sicherzustellen, dass ihm ein Energieausweis ausgestellt wird. Der Eigentümer hat den Energieausweis der nach Landesrecht zuständigen Behörde auf Verlangen vorzulegen.

Soll ein Gebäude verkauft werden, muss der Verkäufer dem Kaufinteressenten einen Energieausweis vorweisen können. Dies gilt auch für Vermieter, Verpächter oder Leasinggeber.

2.7.2 Grundsätze des Energieausweises

Der Energieausweis wird auf Grundlage des berechneten Energiebedarfs oder aufgrund des gemessen Energiebedarfs erstellt. Es ist zulässig, sowohl den Energieverbrauch, als auch den Energiebedarf anzugeben.

Wird ein Gebäude neu errichtet oder geändert muss ein bedarfsorientierter Energieausweis ausgestellt werden. Geändert im Sinne der EnEV bedeutet, die Bauteilflächen von Bauteilen gleicher Orientierung werden um mehr als 20 % verändert. Für Wohngebäude, die vermietet oder verkauft werden, deren Bauantrag vor dem 1. November 1977 gestellt wurde und die weniger als fünf Wohnungen haben muss bis zum 1. Januar 2008 ein bedarfsorientierter Energieausweis verfügbar sein. Außer das Wohngebäude hat schon bei der Baufertigstellung das Anforderungsniveau der Wärmeschutzverordnung vom 11. August 1977 erfüllt oder ist später auf dieses Niveau gebracht worden. Wenn eine dieser Ausnahmen zutrifft, besteht Wahlfreiheit zwischen den verschiedenen Ausstellungsarten. Für Wohngebäude mit mehr als vier Wohneinheiten, egal welchen Baujahres, gilt ebenfalls Wahlfreiheit.

Energieausweise sind für eine Gültigkeitsdauer von zehn Jahren auszustellen, Verlängerungen der Frist sind unzulässig. Der Energieausweis verliert seine Gültigkeit, wenn das Gebäude verändert wird.

Energieausweise müssen vom Aussteller unter Angabe von Name, Anschrift und Berufsbezeichnung eigenhändig unterschrieben werden und nach Inhalt und Aufbau den folgenden Mustern entsprechen.

ENERGIEAUSWEIS für Wohngebäude
gemäß den §§ 16 ff. Energieeinsparverordnung (EnEV)

Gültig bis: 1

Gebäude

Gebäudetyp	
Adresse	
Gebäudeteil	
Baujahr Gebäude	
Baujahr Anlagentechnik	
Anzahl Wohnungen	
Gebäudenutzfläche (A_N)	
Anlass der Ausstellung des Energieausweises	☐ Neubau ☐ Modernisierung ☐ Sonstiges (freiwillig) ☐ Vermietung / Verkauf (Änderung / Erweiterung)

Gebäudefoto (freiwillig)

Hinweise zu den Angaben über die energetische Qualität des Gebäudes

Die energetische Qualität eines Gebäudes kann durch die Berechnung des Energiebedarfs unter standardisierten Randbedingungen oder durch die Auswertung des Energieverbrauchs ermittelt werden. Als Bezugsfläche dient die energetische Gebäudenutzfläche nach der EnEV, die sich in der Regel von den allgemeinen Wohnflächenangaben unterscheidet. Die angegebenen Vergleichswerte sollen überschlägige Vergleiche ermöglichen (**Erläuterungen** – siehe **Seite 4**).

☐ Der Energieausweis wurde auf der Grundlage von Berechnungen des **Energiebedarfs** erstellt. Die Ergebnisse sind auf **Seite 2** dargestellt. Zusätzliche Informationen zum Verbrauch sind freiwillig.

☐ Der Energieausweis wurde auf der Grundlage von Auswertungen des **Energieverbrauchs** erstellt. Die Ergebnisse sind auf **Seite 3** dargestellt.

Datenerhebung Bedarf/Verbrauch durch ☐ Eigentümer ☐ Aussteller

☐ Dem Energieausweis sind zusätzliche Informationen zur energetischen Qualität beigefügt (freiwillige Angabe).

Hinweise zur Verwendung des Energieausweises

Der Energieausweis dient lediglich der Information. Die Angaben im Energieausweis beziehen sich auf das gesamte Wohngebäude oder den oben bezeichneten Gebäudeteil. Der Energieausweis ist lediglich dafür gedacht, einen überschlägigen Vergleich von Gebäuden zu ermöglichen.

Aussteller   Unterschrift des Ausstellers

Datum   Unterschrift

Abb. 5: EnEV, Anhang 6, Muster Energieausweis für Wohngebäude, Seite 1

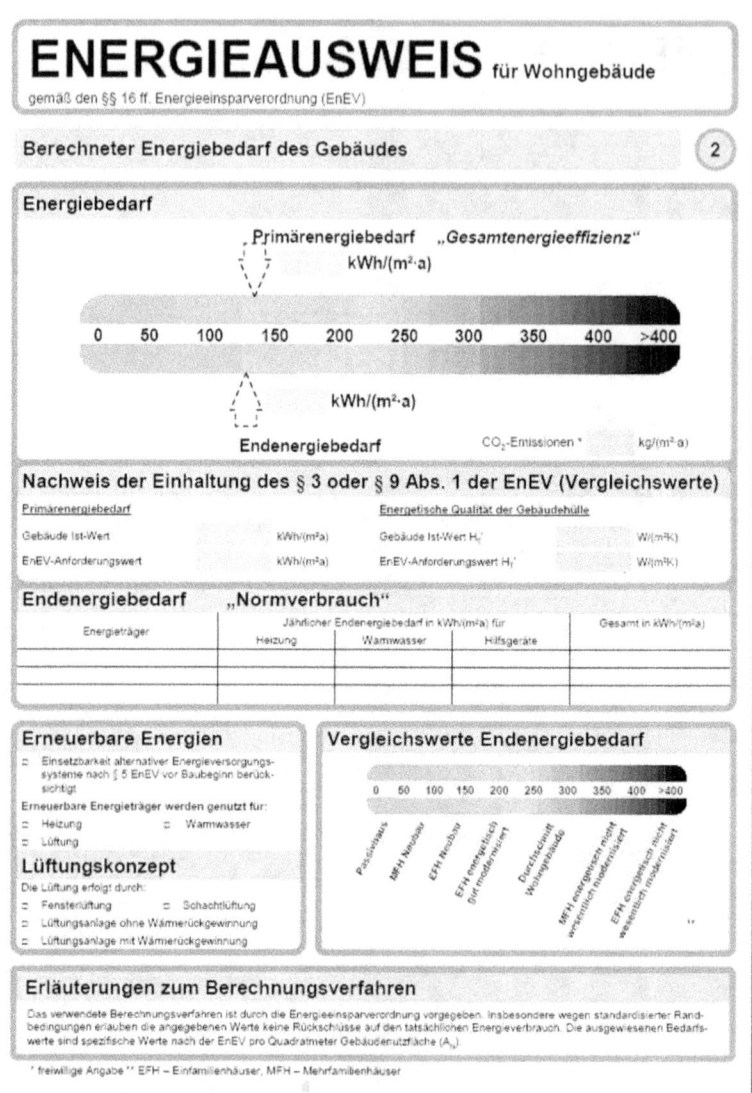

Abb. 6: EnEV, Anhang 6, Muster Energieausweis für Wohngebäude, Seite 2

ENERGIEAUSWEIS für Wohngebäude
gemäß den §§ 16 ff. Energieeinsparverordnung (EnEV)

Gemessener Energieverbrauch des Gebäudes (3)

Energieverbrauchskennwert

Dieses Gebäude: kWh/(m²·a) — Endenergiebedarf

0   50   100   150   200   250   300   350   400   >400

Energieverbrauch für Warmwasser ☐ enthalten ☐ nicht enthalten

Verbrauchserfassung – Heizung und Warmwasser

Energieträger	Abrechnungszeitraum		Brennstoff-menge [kWh]	Anteil Warm-wasser [kWh]	Klima-faktor	Energieverbrauchskennwert in kWh/(m²·a) (zeitlich bereinigt, klimabereinigt)		
	von	bis				Heizung	Warmwasser	Kennwert
							Durchschnitt	

Vergleichswerte Endenergiebedarf

0 50 100 150 200 250 300 350 400 >400

Passivhaus · MFH Neubau · EFH Neubau · EFH energetisch gut modernisiert · Durchschnitt Wohngebäude · MFH energetisch nicht wesentlich modernisiert · EFH energetisch nicht wesentlich modernisiert

Die modellhaft ermittelten Vergleichswerte beziehen sich auf Gebäude, in denen die Wärme für Heizung und Warmwasser durch Heizkessel im Gebäude bereitgestellt wird.
Soll ein Energieverbrauchskennwert verglichen werden, der keinen Warmwasseranteil enthält, ist zu beachten, dass auf die Warmwasserbereitung je nach Gebäudegröße 20 – 40 kWh/(m²·a) entfallen können.
Soll ein Energieverbrauchskennwert eines mit Fern- oder Nahwärme beheizten Gebäudes verglichen werden, ist zu beachten, dass hier normalerweise ein um 15 – 30 % geringerer Energieverbrauch als bei vergleichbaren Gebäuden mit Kesselheizung zu erwarten ist.

Erläuterungen zum Verfahren

Das Verfahren zur Ermittlung von Energieverbrauchskennwerten ist durch die Energieeinsparverordnung vorgegeben. Die Werte sind spezifische Werte pro Quadratmeter Gebäudenutzfläche (A_N) nach Energieeinsparverordnung. Der tatsächlich gemessene Verbrauch einer Wohnung oder eines Gebäudes weicht insbesondere wegen des Witterungseinflusses und sich änderndem Nutzerverhaltens vom angegebenen Energieverbrauchskennwert ab.

[1] EFH – Einfamilienhäuser, MFH – Mehrfamilienhäuser

Abb. 7: EnEV, Anhang 6, Muster Energieausweis für Wohngebäude, Seite 3

ENERGIEAUSWEIS für Wohngebäude
gemäß den §§ 16 ff. Energieeinsparverordnung (EnEV)

Erläuterungen (4)

Energiebedarf – Seite 2
Der Energiebedarf wird in diesem Energieausweis durch den Jahres-Primärenergiebedarf und den Endenergiebedarf dargestellt. Diese Angaben werden rechnerisch ermittelt. Die angegebenen Werte werden auf der Grundlage der Bauunterlagen bzw. gebäudebezogener Daten und unter Annahme von standardisierten Randbedingungen (z.B. standardisierte Klimadaten, definiertes Nutzerverhalten, standardisierte Innentemperatur und innere Wärmegewinne usw.) berechnet. So lässt sich die energetische Qualität des Gebäudes unabhängig vom Nutzerverhalten und der Wetterlage beurteilen. Insbesondere wegen standardisierter Randbedingungen erlauben die angegebenen Werte keine Rückschlüsse auf den tatsächlichen Energieverbrauch.

Primärenergiebedarf – Seite 2
Der Primärenergiebedarf bildet die Gesamtenergieeffizienz eines Gebäudes ab. Er berücksichtigt neben der Endenergie auch die so genannte „Vorkette" (Erkundung, Gewinnung, Verteilung, Umwandlung) der jeweils eingesetzten Energieträger (z.B. Heizöl, Gas, Strom, erneuerbare Energien etc.). Kleine Werte (grüner Bereich) signalisieren einen geringen Bedarf und damit eine hohe Energieeffizienz und Ressourcen und Umwelt schonende Energienutzung. Zusätzlich können die mit dem Energiebedarf verbundenen CO_2-Emissionen des Gebäudes freiwillig angegeben werden.

Endenergiebedarf – Seite 2
Der Endenergiebedarf gibt die nach technischen Regeln berechnete, jährlich benötigte Energiemenge für Heizung, Lüftung und Warmwasserbereitung an ("Normverbrauch"). Er wird unter Standardklima und -nutzungsbedingungen errechnet und ist ein Maß für die Energieeffizienz eines Gebäudes und seiner Anlagentechnik. Der Endenergiebedarf ist die Energiemenge, die dem Gebäude bei standardisierten Bedingungen unter Berücksichtigung der Energieverluste zugeführt werden muss, damit die standardisierte Innentemperatur, der Warmwasserbedarf und die notwendige Lüftung sichergestellt werden können. Kleine Werte (grüner Bereich) signalisieren einen geringen Bedarf und damit eine hohe Energieeffizienz.

Die Vergleichswerte für den Energiebedarf sind modellhaft ermittelte Werte und sollen Anhaltspunkte für grobe Vergleiche der Werte dieses Gebäudes mit den Vergleichswerten ermöglichen. Es sind ungefähre Bereiche angegeben, in denen die Werte für die einzelnen Vergleichskategorien liegen. Im Einzelfall können diese Werte auch außerhalb der angegebenen Bereiche liegen.

Energetische Qualität der Gebäudehülle – Seite 2
Angegeben ist der spezifische, auf die wärmeübertragende Umfassungsfläche bezogene Transmissionswärmeverlust (Formelzeichen in der EnEV: H_T'). Er ist ein Maß für die durchschnittliche energetische Qualität aller wärmeübertragenden Umfassungsflächen (Außenwände, Decken, Fenster etc.) eines Gebäudes. Kleine Werte signalisieren einen guten baulichen Wärmeschutz.

Energieverbrauchskennwert – Seite 3
Der ausgewiesene Energieverbrauchskennwert wird für das Gebäude auf der Basis der Abrechnung von Heiz- und ggf. Warmwasserkosten nach der Heizkostenverordnung und auf Grund anderer geeigneter Verbrauchsdaten ermittelt. Dabei werden die Energieverbrauchsdaten des gesamten Gebäudes und nicht der einzelnen Wohn- oder Nutzeinheiten zugrunde gelegt. Über Klimafaktoren wird der gemessene Energieverbrauch für die Heizung hinsichtlich der konkreten örtlichen Wetterdaten auf einen deutschlandweiten Mittelwert umgerechnet. So führen beispielsweise hohe Verbräuche in einem einzelnen harten Winter nicht zu einer schlechteren Beurteilung des Gebäudes. Der Energieverbrauchskennwert gibt Hinweise auf die energetische Qualität des Gebäudes und seiner Heizungsanlage. Kleine Werte (grüner Bereich) signalisieren einen geringen Verbrauch. Ein Rückschluss auf den künftig zu erwartenden Verbrauch ist jedoch nicht möglich; insbesondere können die Verbrauchsdaten einzelner Wohneinheiten stark differieren, weil sie von deren Lage im Gebäude, von der jeweiligen Nutzung und vom individuellen Verhalten abhängen.

Gemischt genutzte Gebäude
Für Energieausweise bei gemischt genutzten Gebäuden enthält die Energieeinsparverordnung besondere Vorgaben. Danach sind - je nach Fallgestaltung - entweder ein gemeinsamer Energieausweis für alle Nutzungen oder für Wohnungen und für die übrigen Nutzungen zwei getrennte Energieausweise auszustellen; dies ist auf Seite 1 der Ausweise erkennbar.

Abb. 8: EnEV, Anhang 6, Muster Energieausweis für Wohngebäude, Seite 4

2.7.3 Ausstellung auf der Grundlage des Energiebedarfs

Unter der Ausstellung auf der Grundlage des Energiebedarfs versteht man hauptsächlich die zum Heizen, für Warmwasser und eventuell für Klimaanlagen auf der Grundlage von Berechnungen benötigte Energie des Gebäudes. Faktoren wie unterschiedliche Heizgewohnheiten, Lüftungszeiten oder Duschgewohnheiten werden hierbei nicht berücksichtigt.

Zur Errechnung des Energiebedarfs werden die in den Kapiteln 2.4 und 2.5 beschriebenen Berechnungsverfahren verwendet. Die im Energieausweis angegebenen Werte beziehen sich auf das ganze Gebäude. Für einzelne Wohnungen lässt die Angabe keinen genauen Rückschluss zu. Viel wichtiger ist, dass der Energiebedarfswert - gerade weil er frei von individuellen und subjektiven Verhältnissen errechnet wird - keinerlei Rückschlüsse auf den konkreten Energieverbrauch eines einzelnen Haushalts erlaubt, auch nicht auf die Energiekosten.

2.7.4 Ausstellung auf Grundlage des Energieverbrauchs

Werden Energieausweise für bestehende Gebäude auf der Grundlage des gemessenen Energieverbrauchs ausgestellt, ist der witterungsbereinigte Energieverbrauch (Energieverbrauchskennwert) zu ermitteln. Der Energieverbrauchskennwert wird auf Basis der Regeln zur vereinfachten Ermittlung von Energieverbrauchskennwerten und zur Witterungsbereinigung im Wohngebäudebestand berechnet, die das Bundesministerium für Verkehr, Bau und Stadtentwicklung im Einvernehmen mit dem Bundesministerium für Wirtschaft und Technologie regelmäßig veröffentlicht.

Ermittlung des Energieverbrauchskennwertes[22]

Zur Ermittlung von Energieverbrauchskennwerten sind Energieverbrauchsdaten zu verwenden, die im Rahmen der Abrechnung von Heizkosten nach der Heizkostenverordnung für das gesamte Gebäude für mindestens drei aufeinander folgende Abrechnungsperioden oder auf Grund anderer geeigneter Verbrauchsda-

---

[22] Bundesministerium für Verkehr, Bau und Stadtentwicklung im Einvernehmen mit dem Bundesministerium für Wirtschaft und Technologie. Bekanntmachung gemäß § 19 Abs. 3 Satz 4 EnEV

ten wie z. B. der Abrechnung des Energielieferanten für mindestens drei aufeinander folgende Abrechnungsperioden ermittelt worden sind.

Die Verbrauchsdaten müssen für das gesamte Gebäude vorliegen. Liegen Verbrauchsdaten (z. B. aus der Abrechnung des Energielieferanten) nicht für alle Wohnungen vor (weil z. B. unterschiedliche Heizungssysteme und dementsprechend unterschiedliche Heizkostenabrechnungen bestehen), darf aus diesen einzelnen Verbrauchsdaten nicht auf das ganze Gebäude geschlossen werden. Längere Leerstände sind rechnerisch angemessen zu berücksichtigen.

Bei teilweisem Leerstand über den gesamten Abrechnungszeitraum ist der ermittelte Energieverbrauchskennwert nur auf die Fläche der bewohnten und beheizten Wohnungen zu beziehen. Bei der Angabe von absoluten Werten sind die leer stehenden Wohnungen mit den gleichen spezifischen Werten zu beaufschlagen wie die bewohnten.

Die Ermittlung erfolgt für den konkreten Abrechnungszeitraum. Die gemessene Menge Energie wird in kWh Endenergie umgerechnet, indem die eingesetzte Menge Brennstoff B_V mit dem Heizwert H_i (Energieinhalt) multipliziert wird:

$E_V = B_V \cdot H_i$ Dabei sind:

E_V = errechneter Endenergieverbrauch in kWh

B_V = gemessene, verbrauchte Menge des eingesetzten Energieträgers in der jeweiligen Mengeneinheit

H_i = Heizwert in kWh je Mengeneinheit (frühere Bezeichnung H_u) nach Tabelle 9

Der aus dem Messergebnis errechnete Energieverbrauch E_V ist bei zentraler Versorgung mit Warmwasser vor der Witterungsbereinigung in den witterungsabhängigen Anteil $E_{V,H}$ (Heizung) und den witterungsunabhängigen Anteil $E_{V,WW}$ (Warmwasserbereitung) aufzuteilen:

$E_V = E_{V,H} + E_{V,WW}$ Dabei sind:

E_V = aus gemessener Energiemenge errechneter Energieverbrauch in kWh

$E_{V,H}$ = witterungsabhängiger Anteil (Heizenergie) in kWh

$E_{V,WW}$ = witterungsunabhängiger Anteil (Warmwasserbereitung) in kWh

Wird das Warmwasser dezentral (z. B. elektrisch) erzeugt, bleibt es für die weiteren Betrachtungen unberücksichtigt.

Energieträger	Mengeneinheit	Heizwert Hi (Energieinhalt)
Leichtes Heizöl EL	[l]	10 kWh/l
Schweres Heizöl	[kg]	10,9 kWh/kg
Erdgas H	[m³]	ca. 10 kWh/m³n [1]
	[kWh (HS)]²	ca. 0,9 kWh/kWh (HS)[1,2]
Erdgas L	[m³]	ca. 9 kWh/m³n [1]
	[kWh (HS)]²	ca. 0,9 kWh/kWh (HS)[1,2]
Stadtgas	[m³]	ca. 4,5 kWh/m³n [1]
	[kWh (HS)]²	ca. 0,9 kWh/kWh (HS)[1,2]
Flüssiggas	[kg]	ca. 13,0 kWh/kg [1]
Koks	[kg]	ca. 8,0 kWh/kg [1]
Braunkohle	[kg]	ca. 5,5 kWh/kg [1]
Holz (lufttrocken)	[kg]	ca. 4,1 kWh/kg [3]
Holzpellets	[kg]	ca. 5,0 kWh/kg
Holzhackschnitzel	[kg]	ca. 650 kWh/SRm [1,3,4]

[1] Die genauen Werte sind beim Lieferanten einzuholen.
[2] HS: Brennwert (oberer Heizwert)
[3] abhängig von Holzart und Feuchtegehalt
[4] SRm: Schüttraummeter

Tabelle 9: Mengeneinheiten und Heizwerte (Energieinhalte) von Energieträgern[23]

Der Energieanteil für Warmwasserbereitung ergibt sich entsprechend der Heizkostenverordnung entweder als Messwert, als Rechenwert aus der erwärmten Menge Warmwasser oder als Pauschalwert mit 18 % des Gesamtenergieverbrauchs.

Die Witterungsbereinigung erfolgt auf der Grundlage der aufgezeichneten Wetterdaten des Deutschen Wetterdienstes anhand ausgewählter Wetterstationen. Das Wohngebäude ist den Wetterstationen gemäß der Bekanntmachung vom

---

[23] Bundesministerium für Verkehr, Bau und Stadtentwicklung im Einvernehmen mit dem Bundesministerium für Wirtschaft und Technologie
Bekanntmachung gemäß § 19 Abs. 3 Satz 4 EnEV

Bundesministerium für Verkehr, Bau und Stadtentwicklung im Einvernehmen mit dem Bundesministerium für Wirtschaft und Technologie gemäß § 19 Abs. 3 Satz 4 EnEV, über die Postleitzahlen zuzuordnen.

Für das Beispielgebäude wäre dies:

PLZ_von	PLZ_bis	Stationsname
70000	75999	Stuttgart

Tabelle 10: Auszug aus Anlage 2: Zuordnung der Wetterstationen zu Postleitzahlen[24]

Die Daten werden auf einen bundesdeutschen Klimamittelwert umgerechnet. Die Witterungsbereinigung für den ermittelten Energieverbrauchskennwert erfolgt für ein bundesdeutsches Mittel nach folgender Gleichung:

$E_{V,H,Bund} = f_{Klima} \cdot E_{V,H}$ Dabei sind:

$E_{V,H}$ = witterungsabhängiger Anteil der Heizenergie für ein Gebäude in kWh
f_{Klima} = Klimafaktor nach Tabelle 11
$E_{V,H,Bund}$ = witterungsbereinigter Anteil der Heizenergie für ein Gebäude in kWh.

Der spezifische Heizenergieverbrauch, bezogen auf die Gebäudenutzfläche A_N nach der Energieeinsparverordnung, ergibt sich mit

$q_{H,gemessen} = E_{V,H} / A_N$

Ist die Gebäudenutzfläche A_N nach der Energieeinsparverordnung nicht bekannt, darf sie wie folgt auf der Grundlage der Wohnfläche ermittelt werden:

Für Ein- und Zweifamilienhäuser mit beheiztem Keller

$A_N = A_{Wohnfläche} \cdot 1,35$

Für alle sonstigen Wohngebäude

$A_N = A_{Wohnfläche} \cdot 1,2$

Der witterungsbereinigte spezifische Heizenergieverbrauch, bezogen auf die Gebäudenutzfläche A_N nach der Energieeinsparverordnung, ergibt sich mit

$Q_{H,bereinigt} = f_{Klima} \cdot q_{H,gemessen}$

---

[24] Bundesministerium für Verkehr, Bau und Stadtentwicklung im Einvernehmen mit dem Bundesministerium für Wirtschaft und Technologie. Bekanntmachung gemäß § 19 Abs. 3 Satz 4 EnEV

Zur Ermittlung des Klimafaktors f_{Klima} für die Abrechnungsperiode sind folgende Schritte notwendig:

- Zuordnung der Postleitzahl (PLZ) des Standortes des Gebäudes zu einer Wetterstation des deutschen Wetterdienstes gemäß Tabelle 2 der Bekanntmachung vom Bundesministerium für Verkehr, Bau und Stadtentwicklung im Einvernehmen mit dem Bundesministerium für Wirtschaft und Technologie gemäß § 19 Abs. 3 Satz 4 EnEV.

- Zuordnung eines Klimafaktors nach Wetterstation für den Abrechnungszeitraum der Energieverbrauchsdaten, die im Rahmen der Abrechnung von Heizkosten nach der Heizkostenverordnung bzw. auf Grund anderer geeigneter Verbrauchsdaten ermittelt wurden, gemäß Anlage 3 der Bekanntmachung vom Bundesministerium für Verkehr, Bau und Stadtentwicklung im Einvernehmen mit dem Bundesministerium für Wirtschaft und Technologie gemäß § 19 Abs. 3 Satz 4 EnEV. Auszugsweise für die Stadion Stuttgart in Tabelle 12 dargestellt.

Zeitraum	01.03.04-28.02.05	01.04.04-31.03.05	01.05.04-30.04.05	01.06.04-31.05.05	01.07.04-30.06.05	01.08.04-31.07.05	01.09.04-31.08.05
Stationsname: Stuttgart	0,98	0,98	0,98	0,9	0,99	0,99	0,98

Tabelle 11: Auszug aus: Klimafaktoren der Wetterstationen[25]

2.7.5 Empfehlungen für die Verbesserung der Energieeffizienz

Sind Maßnahmen für kostengünstige Verbesserungen der energetischen Eigenschaften des Gebäudes (Energieeffizienz) möglich, hat der Aussteller des Energieausweises dem Eigentümer anlässlich der Ausstellung eines Energieausweises entsprechende, begleitende Empfehlungen in Form von kurz gefassten fachlichen Hinweisen auszustellen (Modernisierungsempfehlungen). Dabei kann er-

---

[25] Anlage 3 der Bekanntmachung gemäß § 19 Abs. 3 Satz 4 EnEV des Bundesministeriums für Verkehr, Bau und Stadtentwicklung im Einvernehmen mit dem Bundesministerium für Wirtschaft und Technologie

gänzend auf weiterführende Hinweise in Veröffentlichungen des Bundesministeriums für Verkehr, Bau und Stadtentwicklung im Einvernehmen mit dem Bundesministerium für Wirtschaft und Technologie oder von ihnen beauftragter Dritter Bezug genommen werden.

Sind Modernisierungsempfehlungen nicht möglich, hat der Aussteller dies dem Eigentümer anlässlich der Ausstellung des Energieausweises mitzuteilen.

Die Darstellung von Modernisierungsempfehlungen muss in Inhalt und Aufbau dem Muster auf nachfolgender Seite entsprechen.

Anstelle einer solchen Darstellung darf auch eine Prüfliste verwendet werden, die vom Bundesministerium für Verkehr, Bau und Stadtentwicklung im Einvernehmen mit dem Bundesministerium für Wirtschaft und Technologie im Bundesanzeiger unter Bezugnahme auf diese Vorschrift bekannt gemacht worden ist.

Die Modernisierungsempfehlungen sind dem Energieausweis beizufügen. Das Formblatt für die Modernisierungsempfehlung ist in Abb. 9 dargestellt.

2.7.6 Ausstellungsberechtigung für bestehende Gebäude

Zur Ausstellung von Energieausweisen für bestehende Gebäude und von Modernisierungsempfehlungen sind nur berechtigt:

- Absolventen von Diplom-, Bachelor- oder Masterstudiengängen an Universitäten, Hochschulen oder Fachhochschulen in den Bereichen Architektur, Hochbau, Bauingenieurwesen, Gebäudetechnik, Bauphysik, Maschinenbau oder Elektrotechnik,
- Absolventen im Sinne der Nummer 1 im Bereich Architektur der Fachrichtung Innenarchitektur,
- Handwerksmeister, deren wesentliche Tätigkeit die Bereiche von Bauhandwerk, Heizungsbau, Installation oder Schornsteinfegerwesen umfasst, und Handwerker, die berechtigt sind, ein solches Handwerk ohne Meistertitel selbständig auszuüben und
- Staatlich anerkannte oder geprüfte Techniker in den Bereichen Hochbau, Bauingenieurwesen oder Gebäudetechnik, wenn sie mindestens eine der folgenden Voraussetzungen erfüllen:
    - Wenn sie während des Studiums ein Ausbildungsschwerpunkt im Bereich des energiesparenden Bauens oder nach einem Studium ohne

Modernisierungsempfehlungen zum Energieausweis

gemäß § 20 Energieeinsparverordnung

Gebäude

Adresse	Hauptnutzung / Gebäudekategorie

Empfehlungen zur kostengünstigen Modernisierung ☐ sind möglich ☐ sind nicht möglich

Empfohlene Modernisierungsmaßnahmen

Nr.	Bau- oder Anlagenteile	Maßnahmenbeschreibung

☐ weitere Empfehlungen auf gesondertem Blatt

Hinweis: Modernisierungsempfehlungen für das Gebäude dienen lediglich der Information. Sie sind nur kurz gefasste Hinweise und kein Ersatz für eine Energieberatung.

Beispielhafter Variantenvergleich (Angaben freiwillig)

	Ist-Zustand	Modernisierungsvariante 1	Modernisierungsvariante 2
Modernisierung gemäß Nummern:			
Primärenergiebedarf [kWh/(m²·a)]			
Einsparung gegenüber Ist-Zustand [%]			
Endenergiebedarf [kWh/(m²·a)]			
Einsparung gegenüber Ist-Zustand [%]			
CO_2-Emissionen [kg/(m²·a)]			
Einsparung gegenüber Ist-Zustand [%]			

Aussteller

Unterschrift des Ausstellers

Datum   Unterschrift

Abb. 9: EnEV, Anhang 10, Muster Modernisierungsempfehlungen zum Energieausweis

einen solchen Schwerpunkt eine mindestens zweijährige Berufserfahrung in wesentlichen bau- oder anlagentechnischen Tätigkeitsbereichen des Hochbaus haben.

- o Wenn sie eine erfolgreiche Fortbildung im Bereich des energiesparenden Bauens absolviert haben in der die folgenden Themengebiete behandelt worden sind:
  - Bestandsaufnahme und Dokumentation des Gebäudes, der Baukonstruktion und der technischen Anlagen
  - Beurteilung der Gebäudehülle
  - Beurteilung von Heizungs- und Warmwasserbereitungsanlagen
  - Beurteilung von Lüftungsanlagen
  - Erbringung der Nachweise
  - Grundlagen der Beurteilung von Modernisierungsempfehlungen einschließlich ihrer technischen Machbarkeit und Wirtschaftlichkeit

Die ausführlichen Inhalte der Fortbildung sind im Anhang 11 der EnEV aufgeführt.

- o Wenn sie eine nicht auf bestimmte Gewerke beschränkte Berechtigung nach bauordnungsrechtlichen Vorschriften der Länder zur Unterzeichnung von Bauvorlagen haben.

Ist die Bauvorlageberechtigung für zu errichtende Gebäude nach Landesrecht auf bestimmte Gebäudeklassen beschränkt, beschränkt sich die Ausstellungsberechtigung nach Absatz 1 auf Wohngebäude der entsprechenden Gebäudeklassen.

2.8 Abschnitt 6: Gemeinsame Vorschriften, Ordnungswidrigkeiten

2.8.1 Verantwortliche

Für die Einhaltung der EnEV ist derjenige verantwortlich, der die Errichtung, Änderung oder Erweiterung eines Gebäudes vorbereitet oder ausführt oder vorbereiten oder ausführen lässt, also meistens der Bauherr.

2.8.2 Ordnungswidrigkeiten

Mit der Einführung der neuen EnEV und damit der neuen Energieausweise im Gebäudebestand sollen auch Ordnungswidrigkeiten formuliert werden. Nach dem Energieeinspargesetz handelt ordnungswidrig, wer vorsätzlich oder fahrlässig den Bestimmungen zum Energieausweis zuwider handelt. Diese Ordnungswidrigkeit kann mit einer Geldbuße bis zu fünfzehntausend Euro geahndet werden.[26]

Die genauen Definitionen der Ordnungswidrigkeiten stehen noch aus und werden im weiteren Verfahren nachgetragen.

2.9 Abschnitt 7: Schlussvorschriften

2.9.1 Allgemeine Übergangsvorschriften

Die Verordnung ist nicht anzuwenden auf die Errichtung, Änderung oder Erweiterung von Gebäuden, wenn der Bauantrag vor Inkrafttreten der EnEV 2007 gestellt wurde.

Auf genehmigungs-, anzeige- und verfahrensfreie Bauvorhaben ist diese Verordnung nicht anzuwenden, wenn vor dem Tag des Inkrafttretens der EnEV 2007 mit der Bauausführung begonnen worden ist.

Auf bestehende Bauvorhaben ist bis zum Inkrafttreten der EnEV 2007 die EnEV vom 02. Dezember 2004 anzuwenden.

2.9.2 Übergangsvorschriften für Energieausweise

Energieausweise für Wohngebäude der Baujahre bis 1965 müssen im Falle eines Verkaufs, einer Vermietung oder Verpachtung ab dem 01. Januar 2008 vorgelegt werden. Für nach 1965 errichtete Wohngebäude gilt der 01. Juli 2008.

Energie- und Wärmebedarfsausweise nach der Wärmeschutzverordnung 1995 und nach der geltenden EnEV 2004 gelten als Ausweise im Sinne der neuen EnEV. Sie haben damit auch eine Gültigkeitsdauer von zehn Jahren.

Das Gleiche gilt für auf freiwilliger Basis ausgestellte Ausweise, wenn diese vor dem Inkrafttreten der EnEV von Gebietskörperschaften oder auf deren Veranlassung auf der Grundlage einheitlicher Regeln ausgestellt worden sind (z. B. im

---

[26] www.aknw.de (20.01.2007)

Vollzug von Förderprogrammen ausgestellte Ausweise, bei Landesenergiesparaktionen oder vergleichbaren gemeindlichen Projekten). Ebenfalls sollen Ausweise die volle Gültigkeit bekommen, die vor Inkrafttreten der neuen EnEV nach den Regeln der neuen EnEV erstellt wurden.

2.9.3 Inkrafttreten, Außerkrafttreten

Die EnEV tritt drei Monate nach Verkündung in Kraft. Gleichzeitig tritt die Energieeinsparverordnung in der Fassung der Bekanntmachung vom 02. Dezember 2004 außer Kraft.

Geplant ist im Moment ein Inkrafttreten frühestes im September 2007 und spätestens am 01. Januar 2008.

2.10 Zusammenfassung der wichtigsten Inhalte

Für welche Art von Gebäuden gilt die EnEV?

Die EnEV gilt für beheizte oder gekühlte Gebäude. Daher gilt die EnEV für alle Gebäude, die konstant bewohnt sind und für Gebäude, in denen regelmäßig gearbeitet wird. Es werden Ausnahmen definiert, die „normale" Wohngebäude allerdings nicht betreffen.

Was regelt die EnEV?

- Energieausweise für Gebäude
- Energetische Mindestanforderungen für Neubauten
- Energetische Mindestanforderungen für Modernisierung, Umbau, Ausbau und Erweiterung bestehender Gebäude
- Mindestanforderungen für Heizungs-, Kühl- und Raumlufttechnik, sowie Warmwasserversorgung
- Energetische Inspektion von Klimaanlagen

Wann müssen die Regelungen der EnEV im Bestand berücksichtigt werden?

Bei größeren Veränderungen an Fassade und Dach. Mehr als 20 % der Bauteilflächen gleicher Orientierung werden verändert.	Es dürfen die auf die wärmeübertragende Umfassungsfläche bezogenen Transmissionswärmeverluste, die Werte aus Tabelle 1 um nicht mehr als 40 % überschreiten oder den Werten aus Tabelle 6 genügen.
Zu bestimmten Fristen bzw. bei Wechsel des Eigentümers • Dämmung der obersten Geschossdecke • Austausch des veralteten Heizkessels • Dämmung von Heizungs- bzw. Warmwasserrohren	Eigentümer von Ein- und Zweifamilienhäusern, die sie selbst bewohnen, sind von den an Fristen gekoppelten Forderungen ausgenommen (Bestandsschutz). Die Anforderungen müssen nur im Falle eines Eigentümerwechsels erfüllt werden. Dafür ist dann ein Zeitraum von 2 Jahren eingeräumt. In keinem Fall müssen die Maßnahmen aber vor den regulären Fristen erfolgen.
Bei allen Veränderungen am Gebäude	Durch Umbau oder Austausch darf in keinem Fall eine Verschlechterung der energetischen Qualität eintreten!
Immer	Vorhandene Einrichtungen zum Energiesparen (z. B. Thermostatventile, Temperaturfühler etc.) müssen funktionstüchtig gehalten und bestimmungsgemäß bedient und genutzt werden. Dafür sind Wartung und Instandhaltung durch Fachleute notwendig.

Wann müssen Energieausweise voraussichtlich ausgestellt werden?

Wird ein Gebäude neu erstellt oder geändert, hat der Eigentümer sicherzustellen, dass ihm ein Energieausweis ausgestellt wird. Soll ein Gebäude verkauft werden, muss der Verkäufer dem Kaufinteressenten einen Energieausweis vorweisen können. Dies gilt auch für Vermieter, Verpächter oder Leasinggeber.

Welcher Energieausweis wird benötigt, verbrauchs- oder bedarfsorientiert?

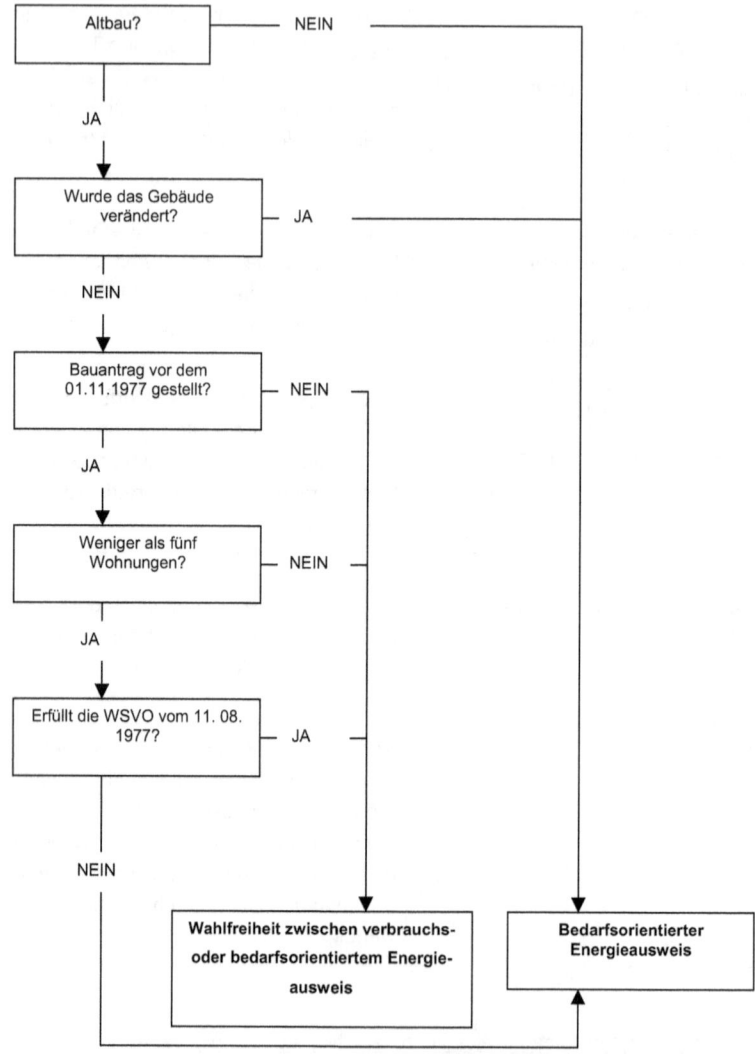

Abb. 10: Anforderungsunterscheidung, verbrauchs- oder bedarfsorientierter Energieausweis

Wer hat Anspruch auf einen Energieausweis?

Eigentümer oder Käufer eines Neubaus erhalten den Energieausweis von ihrem Architekten oder Bauträger.

Potentielle Mieter oder Käufer einer Wohnung sollten sich den Energieausweis bei einer Besichtigung vom Eigentümer zeigen lassen. Der Eigentümer ist nicht verpflichtet den Energieausweis ohne Aufforderung zu zeigen.

Wie wird ein Energieausweis ausgestellt?

Bei Neubauten dienen die Planungsdaten als Grundlage. Bei bestehenden Gebäuden nimmt ein fachkundiger Aussteller die relevanten Daten auf und ermittelt auf deren Grundlage den Energieausweis und die Modernisierungsempfehlung.

Angedacht ist es auch, den Eigentümer selbst die notwendigen Daten ermitteln zu lassen und sie dem Aussteller zu übermitteln. Der Aussteller muss in jedem Fall den Energieausweis unterschreiben und steht damit für die Richtigkeit der Angaben.

Wie wird der Energiebedarf für den Energieausweis berechnet?

Der Energieausweis wird auf Grundlage des berechneten Energiebedarfes oder aufgrund des gemessen Energiebedarfes erstellt. Werden Energieausweise für bestehende Gebäude auf der Grundlage des gemessenen Energieverbrauchs ausgestellt, ist der witterungsbereinigte Energieverbrauch (Energieverbrauchskennwert) zu ermitteln.

Unter der Ausstellung auf der Grundlage des Energiebedarfs versteht man hauptsächlich die zum Heizen, für Warmwasser und eventuell für Klimaanlagen auf der Grundlage von Berechnungen benötigte Energie des Gebäudes.

Was muss in Bezug auf Wärmedämmung und Heizungsanlagen beachtet werden?

- Die Wärmezufuhr muss in Abhängigkeit der Außentemperatur und der Zeit automatisch regelbar sein.
- Eine raumweise Regelung der Temperatur muss möglich sein.
- Warmwasser führende Leitungen in unbeheizten Räumen müssen gedämmt werden.
- Die oberste Geschossdecke, die an Außentemperatur oder an unbeheizte Räume grenzt, muss gedämmt werden.

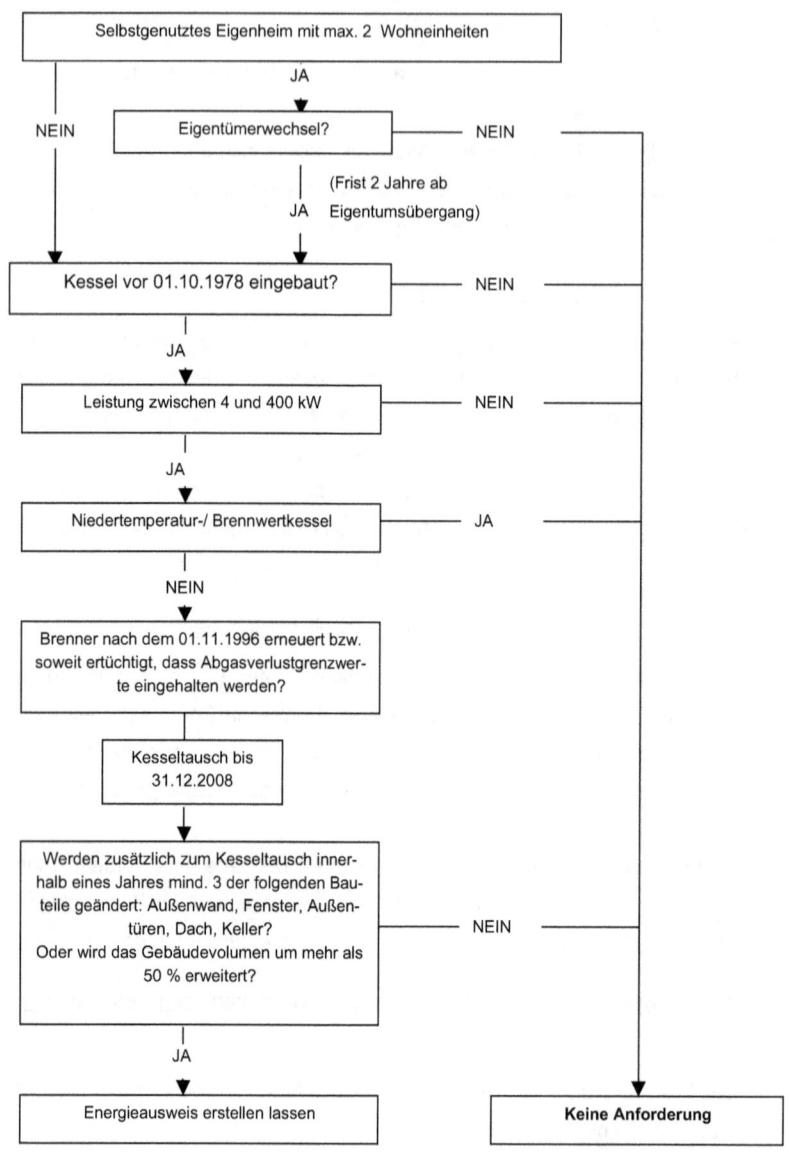

Abb. 11: EnEV Vorschriften für Anlagentechnik[27]

---

[27] Vgl. Energieausweis (2006) S. 49

3 Die EnEV 2007 am Beispiel

3.1 Die Beispielimmobilie

Die Beispielimmobilie, Baujahr 1974 liegt im Ortskern einer 2.800 Einwohner Gemeinde am westlichen Zugang zum Stromberg.

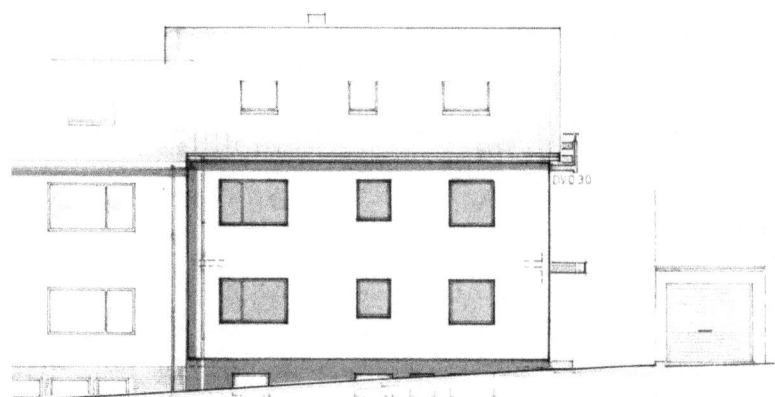

Abb. 12: Beispielgebäude, Westansicht

3.1.1 Baubeschreibung

Gebäudezweck:	wohnen
Umbauter Raum:	1.087,54 m³
Fundamente:	Beton-Streifenfundament
Außenwände:	
• Untergeschoss:	Schal-Stampfbeton
• Erdgeschoss:	Bimshohlblock 24 cm
• Obergeschoss:	Bimshohlblock 24 cm
Trennwände:	
• Untergeschoss:	HLZ 11,5 cm
• Erdgeschoss:	HLZ + Schwemmsteine

- Obergeschoss: HLZ + Schwemmsteine
- Dachgeschoss: HLZ + Schwemmsteine

Decken:
- Über Untergeschoss: Fertigteildecke
- Über Erdgeschoss: Fertigteildecke
- Über Obergeschoss: Fertigteildecke

Dach: Zimmermanns Dachkonstruktion Nadelholz

Dachdeckung: Flachdachpfannen
Art der Raumheizung: Sammelheizung
Art der Feuerstätte: Heizkessel
Nennleistung der Feuerstätte: 48 kW

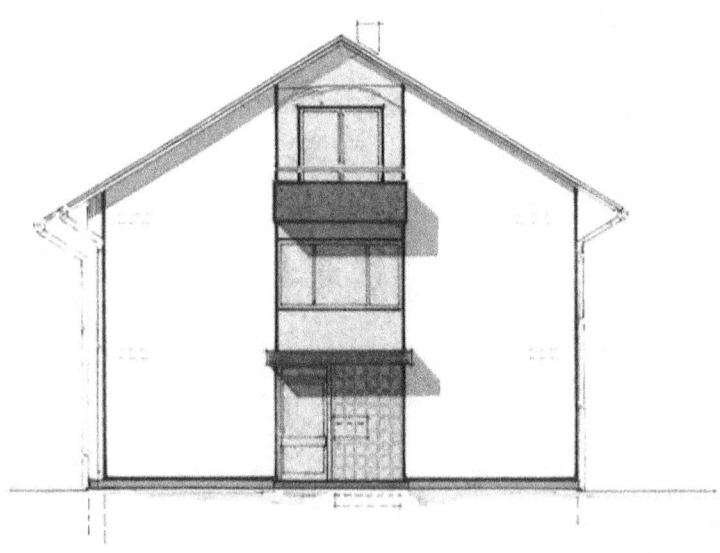

SÜDEN

Abb. 13: Beispielgebäude, Süden

3.1.2 Gebäudekennwerte

GRZ:	0,4
GFZ:	0,8
Grundstücksgröße:	1.743,87 m²
BRI:	1.087,54 m³

Wohnfläche
- EG: 80 m²
- 1. OG: 80 m²
- DG: 60 m²

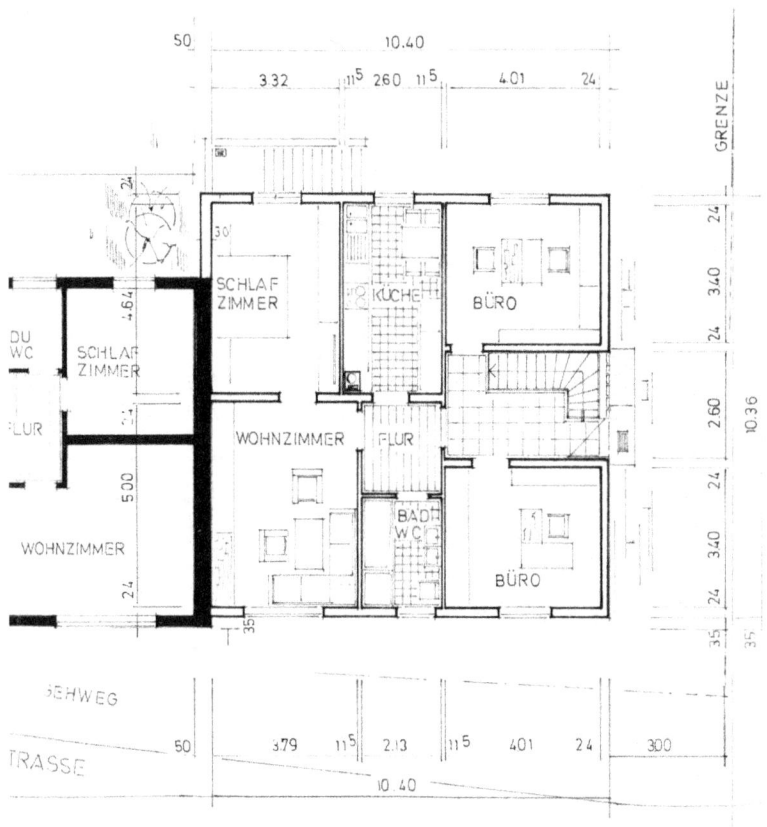

Abb. 14: Beispielgebäude, Erdgeschoss

3.2 Erstellen des Energieausweises

Das Beispielgebäude fordert einen bedarfsorientierten Energieausweis, da es sich um einen Altbau handelt der im Laufe der Jahre verändert wurde. Das DG wurde ausgebaut. Somit liegt eine Veränderung an einem Außenbauteil vor. Exemplarisch soll nachfolgend auch ein verbrauchsorientierter Energieausweis angefertigt werden. Der verbrauchsorientierte Energieausweis wird im Laufe der Einführung der neuen Energieeinsparverordnung sicherlich noch an Bedeutung gewinnen. Die Tatsache, dass er einfacher und billiger auszustellen ist, veranlasst die Interessenverbände der privaten Immobilienwirtschaft weiter Druck auf den Gesetzgeber auszuüben den verbrauchsorientierten Energieausweis zu unterstützen.

3.2.1 Der Energieausweis auf Basis des Energiebedarfs

Die Berechnung wird durchgeführt mit der Software „EPASS-HELENA". Die Software wurde von dem ZUB Kassel entwickelt. Das ZUB ist eine unabhängige universitätsnahe Einrichtung, die zusammen mit der Fraunhofer Projektgruppe Kassel, den Fachgebieten Bauphysik, Technische Gebäudeausrüstung und Experimentelles Bauen an der Universität Kassel einen Forschungsschwerpunkt für umweltbewusstes Bauen bildet.

Insgesamt sollte erwähnt werden, dass in der Zwischenzeit eine Reihe von Rechenhilfen für die neuen Energieeinsparverordnungen verfügbar sind. Es ist darauf zu achten, dass die Darstellung des Energieausweises den Muster-Vorgaben der EnEV entspricht. Die hierbei benutzte Software „EPASS-HELENA" ist zu empfehlen, da sie unter spezifisch Bauphysikalischen Gesichtspunkten entwickelt wurde und somit eine relativ hohe Zuverlässigkeit, was die Genauigkeit der ermittelten Werte betrifft, bietet.

Auf den folgenden Seiten wird auszugsweise der bedarfsorientierte Energieausweis in der Version der dena dargestellt.

Abb. 15: Bedarfsorientierter Energieausweis des Beispielgebäudes, Gesamtbewertung

Abb. 16: Bedarfsorientierter Energieausweis des Beispielgebäudes, Seite 1

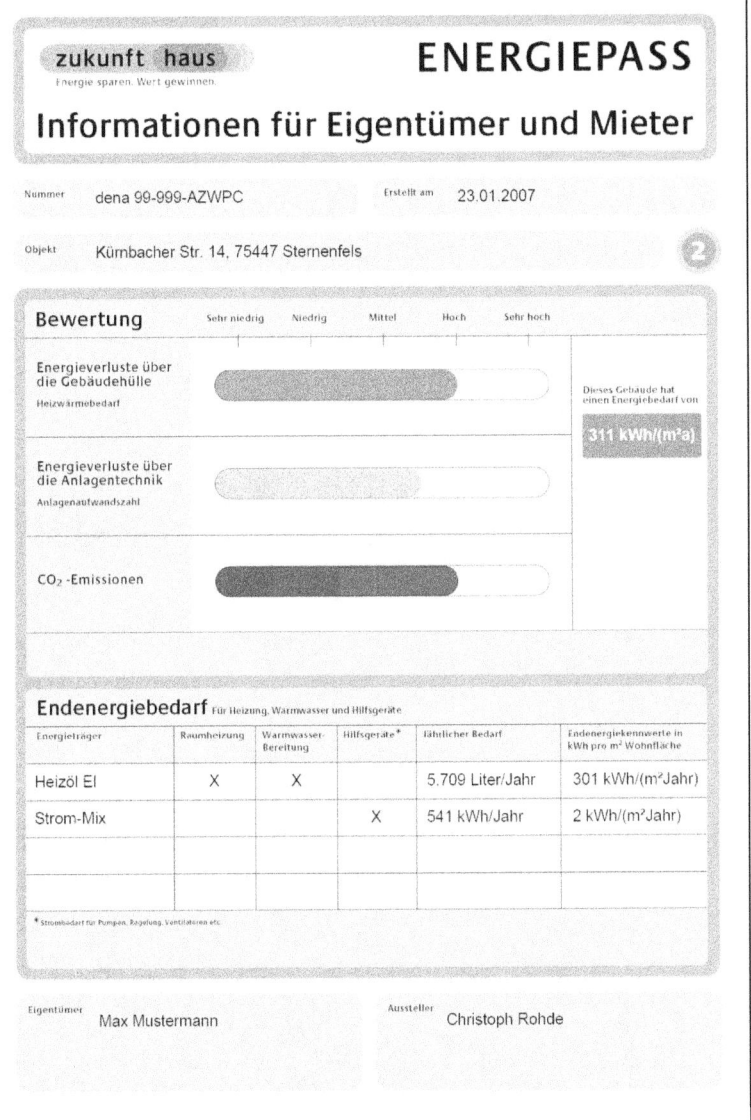

Abb. 17: Bedarfsorientierter Energieausweis des Beispielgebäudes, Seite 2

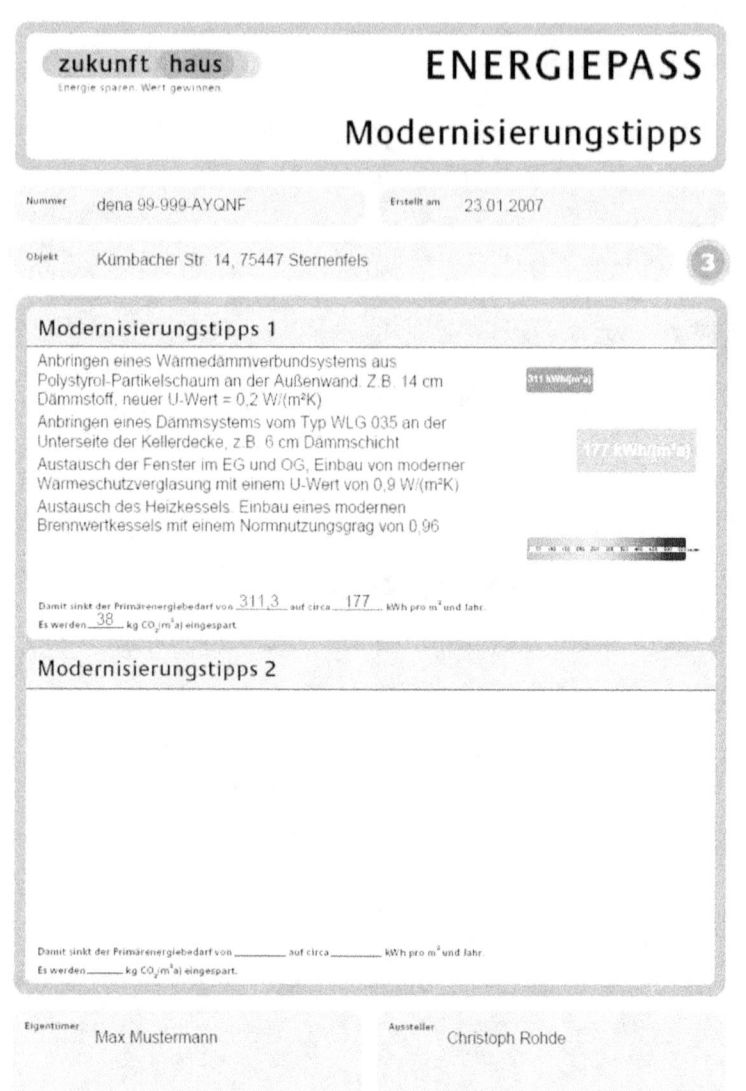

Abb. 18: Bedarfsorientierter Energieausweis des Beispielgebäudes, Seite 3

3.2.2 Der Energieausweis auf Basis des Energieverbrauchs

Zu ermitteln ist der witterungsbereinigte Energieverbrauch (Energieverbrauchskennwert). Vorgehen gemäß Kapitel 2.7.4

Beispielhaft soll der witterungsbereinigte Energieverbrauch für eine Periode berechnet werden. Der Heizölverbrauch vom 01.08.2005 bis zum 31.07.2006 betrug 3.030 Liter.

Ermittlung Energieverbrauch:

$E_V = B_V \cdot H_i$

E_V = 3.030 l/a · 10 kWh/l

E_V = 30.300 kWh/a

Verhältnis zwischen dem Energieaufwand für Heizen und für Warmwasserbereitung:

$E_V = E_{V,H} + E_{V,WW}$

Der Energieanteil für Warmwasser wird mit einem Pauschalwert von 18 % angenommen.

$E_{V,H}$ = 24.846 kWh/a

Witterungsbereinigung:

$E_{V,H,Bund} = f_{Klima} \cdot E_{V,H}$

$E_{V,H,Bund}$ = 0,99 · 24.846 kWh/a

$E_{V,H,Bund}$ = 24.597,6 kWh/a

Der spezifische Heizenergieverbrauch bezogen auf die Gebäudenutzfläche A_N:

$q_{H,gemessen} = E_{V,H} / A_N$

A_N = 239,2 m²

$q_{H,gemessen}$ = $\frac{24.846 \text{ kWh/a}}{239{,}2 \text{ m}^2}$

$q_{H,gemessen}$ = 103,9 kWh/(m²· a)

Der witterungsbereinigte spezifische Heizenergieverbrauch, bezogen auf die Gebäudenutzfläche A_N nach der Energieeinsparverordnung, ergibt sich mit

$Q_{H,bereinigt} = f_{Klima} \cdot q_{H,gemessen}$

$Q_{H,bereinigt}$ = 0,99 · 103,9 kWh/(m²· a)

$Q_{H,bereinigt}$ = 102,8 kWh/(m²· a)

Der verbrauchsorientierte Energieausweis wird dargestellt mit Hilfe der auf Excel basierenden Berechnungshilfe als Beilage des Werkes: Wärmeschutz und Energiebedarf nach EnEV 2006 aus dem Rudolf Müller Verlag.

Um Irritationen zu vermeiden: Im Titel des Buches heißt die EnEV noch 2006, da zum Erscheinungsdatum noch nicht klar war, wann der Bundestag die EnEV beschließen wird.

Die Modernisierungsvorschläge sollen hier nicht noch einmal abgebildet werden, da diese ja nicht von der Berechnungsmethode abhängig sind.

Besonders zu beachten ist, dass bei diesem verbrauchsorientiertem Energieausweis nicht wie im Bedarfsorientierten der Jahres-Primärenergiebedarf ausgewiesen wird, sondern der Endenergieverbrauch.

ENERGIEAUSWEIS für Wohngebäude (Entwurf EnEV April 2006)

gemäß den §§ 16 ff. Energieeinsparverordnung (gültig ab Inkrafttreten der EnEV 2006 bzw. 2007)

Gültig bis: **1**

Gebäude

Gebäudetyp	Wohngebäude
Adresse	Kürnbacher Str. 14 75447 Sternenfels
Gebäudeteil	gesamtes Gebäude
Baujahr Gebäude	1977
Baujahr Anlagentechnik	1977
Anzahl Wohnungen	3
Gebäudenutzfläche (A_N)	239 m²

Anlass der Ausstellung des Energieausweises		Neubau		Modernisierung		Sonstiges (freiwillig)
	X	Vermietung / Verkauf		(Änderung / Erweiterung)		

Hinweise zu den Angaben über die energetische Qualität des Gebäudes

Die energetische Qualität eines Gebäudes kann durch die Berechnung des **Energiebedarfs** unter standardisierten Randbedingungen oder durch die Auswertung des **Energieverbrauchs** ermittelt werden. Als Bezugsfläche dient die energetische Gebäudenutzfläche nach der EnEV, die sich in der Regel von den allgemeinen Wohnflächenangaben unterscheidet. Die angegebenen Vergleichswerte sollen überschlägige Vergleiche ermöglichen (**Erläuterungen - siehe Seite 4**).

☐ Der Energieausweis wurde auf der Grundlage von Berechnungen des **Energiebedarfs** erstellt. Die Ergebnisse sind auf **Seite 2** dargestellt. Diese Art der Ausstellung ist Pflicht bei Neubauten und bestimmten Modernisierungen. Zusätzliche Informationen zum Verbrauch sind freiwillig.

☒ Der Energieausweis wurde auf der Grundlage von Auswertungen des Energieverbrauchs erstellt. Die Ergebnisse sind auf **Seite 3** dargestellt.

Datenerhebung Bedarf/Verbrauch durch	☐	Eigentümer	☒	Aussteller

☐ Dem Energieausweis sind zusätzliche Informationen zur energetischen Qualität beigefügt (freiwillige Angaben).

Hinweise zur Verwendung des Energieausweises

Der Energieausweis dient lediglich der Information. Die Angaben im Energieausweis beziehen sich auf das gesamte Wohngebäude oder den oben bezeichneten Gebäudeteil. Der Energieausweis ist lediglich dafür gedacht, einen überschlägigen Vergleich von Gebäuden zu ermöglichen.

Aussteller	Unterschrift des Ausstellers
Christoph Rohde Breiter Weg 1 75447 Sternenfels	27.01.2007
	Datum Unterschrift

Abb. 19: Verbrauchsorientierter Energieausweis des Beispielgebäudes, Seite 1

ENERGIEAUSWEIS für Wohngebäude

gemäß den §§ 16 ff. Energieeinsparverordnung

Gemessener Energieverbrauch des Gebäudes   3

Energieverbrauchskennwert

Dieses Gebäude:
95,2 kWh/(m².a)

0   50   100   150   200   250   300   350   400   >400

Warmwasserverbrauch: [ ] enthalten
                      [X] nicht enthalten

Verbrauchserfassung - Heizung und Warmwasser

Energieträger	Abrechnungszeitraum		Brennstoffmenge [kWh]	Anteil Warmwasser [kWh]	Klimafaktor	Energieverbrauchskennwert in kWh/(m².a) (zeitlich bereinigt, klimabereinigt)			
	von	bis				Heizung einschl. Sicherheitszuschlag	Warmwasser	Kennwert
Heizöl	01.08.2005	31.07.2006	30300	5454	0,99	102,8		22,6	102,8
Heizöl	01.08.2004	31.07.2005	28500	5130	0,99	84,4		21,2	84,4
Heizöl	01.08.2003	31.07.2004	29000	5220	0,99	98,5		21,6	98,5
						Durchschnitt			95,2

Vergleichswerte Endenergiebedarf

0   50   100   150   200   250   300   350   400   >400

Passivhaus · MFH Neubau · EFH Neubau · MFH energetisch nicht wesentlich modernisiert · EFH energetisch nicht wesentlich modernisiert · Durchschnitt Wohngebäude · MFH energetisch nicht wesentlich modernisiert · EFH energetisch nicht wesentlich modernisiert

Die modellhaft ermittelten Vergleichswerte beziehen sich auf Gebäude, in denen die Wärme für Heizung und Warmwasser durch Heizkessel im Gebäude bereitgestellt wird.
Soll ein Energieverbrauchskennwert verglichen werden, der keinen Warmwasseranteil enthält, ist zu beachten, dass auf die Warmwasserbereitung je nach Gebäudegröße 20 - 40 kWh/(m².a) entfallen können.
Soll ein Energieverbrauchskennwert eines mit Fern- oder Nahwärme beheizten Gebäudes verglichen werden, ist zu beachten, dass hier normalerweise ein um 15 - 30 % geringerer Energieverbrauch als bei vergleichbaren Gebäuden mit Kessel-heizung zu erwarten ist.

Erläuterung zum Verfahren

Das Verfahren zu Ermittlung von Energieverbrauchskennwerten ist durch die Energieeinsparverordnung vorgegeben. Insbesondere wegen standardisierter Randbedingungen erlauben die angegebenen Werte keine Rückschlüsse auf den tatsächlichen Energieverbrauch. Die Werte sind spezifische Werte pro Quadratmeter Gebäudenutzfläche (A_N) nach der EnEV.

Abb. 20:   Verbrauchsorientierter Energieausweis des Beispielgebäudes, Seite 2

ENERGIEAUSWEIS für Wohngebäude

gemäß den §§ 16 ff. Energieeinsparverordnung

Erläuterungen 4

Energiebedarf – Seite 2
Der Energiebedarf wird in diesem Energieausweis durch den Jahres-Primärenergiebedarf und den Endenergiebedarf dargestellt. Diese Angaben werden rechnerisch ermittelt. Die angegebenen Werte sind auf der Grundlage der Bauunterlagen bzw. gebäudebezogener Daten und unter Annahme von standardisierten Randbedingungen (z.B. standardisierte Klimadaten, definiertes Nutzerverhalten, standardisierte Innentemperatur und innere Wärmegewinne usw.) berechnet worden. So lässt sich die energetische Qualität des Gebäudes unabhängig vom Nutzerverhalten und der Wetterlage beurteilen. Insbesondere wegen standardisierter Randbedingungen erlauben die angegebenen Werte keine Rückschlüsse auf den tatsächlichen Energieverbrauch.

Primärenergiebedarf – Seite 2
Der Primärenergiebedarf bildet die Gesamtenergieeffizienz eines Gebäudes ab. Er berücksichtigt neben der Endenergie auch die so genannte „Vorkette" (Erkundung, Gewinnung, Verteilung, Umwandlung) der jeweils eingesetzten Energieträger (z. B. Heizöl, Gas, Strom, erneuerbare Energien etc.). Kleine Werte (grüner Bereich) signalisieren einen geringen Bedarf und damit eine hohe Energieeffizienz und Ressourcen und Umwelt schonende Energienutzung. Zusätzlich können die mit dem Energiebedarf verbundenen CO_2-Emissionen des Gebäudes freiwillig angegeben werden.

Endenergiebedarf – Seite 2
Der Endenergiebedarf gibt die nach technischen Regeln berechnete, jährlich benötigte Energiemenge für Heizung, Lüftung und Warmwasserbereitung ab („Normverbrauch"). Er wird unter Standardklima und -nutzungsbedingungen errechnet und ist ein Maß für die Energieeffizienz eines Gebäudes und seiner Anlagentechnik. Der Endenergiebedarf ist die Energiemenge, die dem Gebäude bei standardisierten Bedingungen unter Berücksichtigung der Energieverluste zugeführt werden muss, damit die standardisierte Innentemperatur, der Warmwasserbedarf und die notwendige Lüftung sichergestellt werden können. Kleine Werte (grüner Bereich) signalisieren einen geringen Bedarf und damit eine hohe Energieeffizienz.
Die Vergleichswerte für den Energiebedarf sind modellhaft ermittelte Werte und sollen Anhaltspunkte für grobe Vergleiche der Werte dieses Gebäudes mit den Vergleichswerten ermöglichen. Es sind ungefähre Bereiche angegeben, in denen die Werte für die einzelnen Vergleichskategorien liegen. Im Einzelfall können diese Werte auch außerhalb der angegebenen Bereiche liegen.

Energetische Qualität der Gebäudehülle – Seite 2
Angegeben ist der spezifische, auf die wärmeübertragende Umfassungsfläche bezogene Transmissionswärmeverlust (Formelzeichen in der EnEV: H_T'). Er ist ein Maß für die durchschnittliche energetische Qualität aller wärmeübertragenden Umfassungsflächen (Außenwände, Decken, Fenster etc.) eines Gebäudes. Kleine Werte signalisieren einen guten baulichen Wärmeschutz.

Energieverbrauchskennwert – Seite 3
Der ausgewiesene Energieverbrauchskennwert wird für das Gebäude auf der Basis der Abrechnung von Heiz- und ggf. Warmwasserkosten nach der Heizkostenverordnung und auf Grund anderer geeigneter Verbrauchsdaten ermittelt. Dabei werden die Energieverbrauchsdaten des gesamten Gebäudes und nicht der einzelnen Wohn- oder Nutzeinheiten zugrunde gelegt. Über Klimafaktoren wird der gemessene Energieverbrauch für die Heizung hinsichtlich der konkreten örtlichen Wetterdaten auf einen deutschlandweiten Mittelwert mit Klimafaktoren umgerechnet. So führen beispielsweise hohe Verbräuche in einem einzelnen harten Winter nicht zu einer schlechteren Beurteilung des Gebäudes. Der Energieverbrauchskennwert gibt Hinweise auf die energetische Qualität des Gebäudes und seiner Heizungsanlage. Kleine Werte (grüner Bereich) signalisieren einen geringen Verbrauch. Ein Rückschluss auf den künftig zu erwartenden Verbrauch ist jedoch nicht möglich; insbesondere können die Verbrauchsdaten einzelner Wohneinheiten stark differieren, weil sie von der Lage im Gebäude, von der jeweiligen Nutzung und vom individuellen Verhalten abhängen. Dies trifft auch zu auf die Energieverbrauchskennwerte kleiner Gebäude. Ein Sicherheitszuschlag soll hier dazu beitragen, dass statistisch zu erwartende Ungenauigkeiten möglichst gering gehalten werden.

Gemischt genutzte Gebäude
Für Energieausweise bei gemischt genutzten Gebäuden enthält die Energieeinsparverordnung besondere Vorgaben. Danach sind - je nach Fallgestaltung - entweder ein gemeinsamer Energieausweis für alle Nutzungen oder für Wohnungen und für die übrigen Nutzungen zwei getrennte Energieausweise auszustellen; dies ist auf Seite 1 der Ausweise erkennbar.

Abb. 21: Verbrauchsorientierter Energieausweis des Beispielgebäudes, Seite 3

3.2.3 Zusammenfassung der Ergebnisse

An dem beschriebenen Beispiel fällt sofort die enorme Differenz zwischen dem errechneten Energiebedarf des Gebäudes und dem gemessenen Energieverbrauchskennwert auf. Im untenstehenden Diagramm ist um die Vergleichbarkeit zu gewährleisten beim verbrauchsorientiertem Energieausweis der Energiebedarf für Warmwasser dazuaddiert 95,2 + 22 = 117,2 kWh/(m²·a). Beim bedarfsorientierten Energieausweis wurde der Endenergiebedarf dargestellt, nicht wie in der Skala des bedarfsorientierten Energieausweises der Jahres-Primärenergiebedarf.

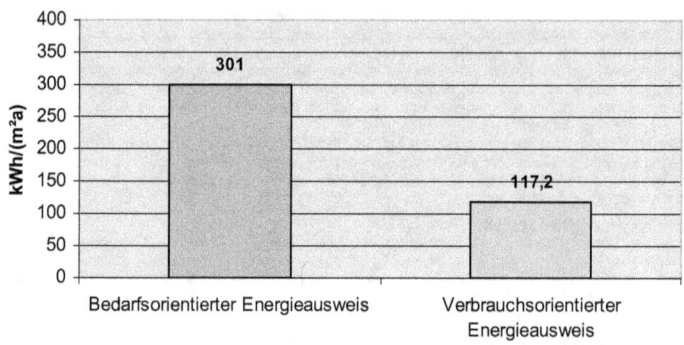

Abb. 22: Differenz zwischen bedarfs- und verbrauchsorientiertem Energieausweis

Die Gründe hierfür liegen in der Nutzung des Gebäudes. Der Bewohner des DG ist aus beruflichen Gründen unter der Woche fast nie zu Hause und stellt dem entsprechend die Heizung unter der Woche auf ein absolutes Minimum oder ganz aus.

Die Bewohner des OG nutzen ihre Wohnung weitestgehend normal und beheizen, wenn erforderlich, die ganze Wohnung. Im EG werden die zwei Räume die auf dem Planausschnitt als Büro gekennzeichnet sind, ebenfalls nur sporadisch beheizt.

So ergibt sich ein weitaus geringerer realer Heizöl Bedarf wie der auf Grund der bauphysikalischen Rahmenbedingungen errechnete. Grund hierfür sind die individuellen Verhaltensweisen der Bewohner.

Das aufgezeigte Beispiel macht deutlich, wie sehr sich die zwei Arten von Energieausweisen in ihrer Aussagefähigkeit unterscheiden. Es gibt eine Reihe von Für und Wider für beide Varianten:

Verbrauchsorientierter Energieausweis

Pro
- Einfach zu erstellen
- Kostengünstig
- Für Mieter verständlicher

Contra
- Vergleichbarkeit verschiedener Immobilien ist aufgrund der individuellen Gewohnheiten der Nutzer nicht gewährleistet
- Ausstellung des Energieausweises erfordert hohe Sachkompetenz

Bedarfsorientierter Energieausweis

Pro
- Gebäude lassen sich unabhängig von Nutzungsgewohnheiten der Bewohner vergleichen
- Auswirkungen von Modernisierungsmaßnahmen lassen sich im Vorfeld berechnen

Contra
- Zeitaufwendig
- Teuer
- Unter Umständen für den Nutzer schwer nachvollziehbar

Abschließend soll bemerkt werden, dass der bedarfsorientierte Energieausweis auf große Kritik der deutschen Wohnungswirtschaft stößt. Der Aufwand und ein relativ hoher Preis sind hierbei die Hauptkritikpunkte. Der verbrauchsorientierte Energieausweis stellt in gewisser Weise auch eine Art Kompromiss zwischen Gesetzgeber und Interessensverbänden dar. So ist das Bundesumweltministerium der Meinung, dass der verbrauchsorientierte Energieausweis den Intentionen der EU Gebäuderichtlinie nicht gerecht wird. Da damit ein zentraler Punkt, nämlich die Vergleichbarkeit zwischen den Gebäuden, verloren geht.

Aus bauphysikalischem Blickwinkel ist der bedarfsorientierte Energieausweis wirklich die bessere Wahl, wie ein einfaches Beispiel erläutern soll:

Die Variation der Raumtemperatur um ein Grad bewirkt einen Energiemehr- oder -minderverbrauch von rund 6 %. Darüber hinaus gibt es Menschen, die sich bei einer Raumtemperatur von 18 °C wohl fühlen und andere, die erst bei 24 °C von einer angenehmen Raumtemperatur sprechen. Hieraus lässt sich ein Energiemehr- oder -minderverbrauch von rund 36 % allein aufgrund der gewählten Raumtemperatur abschätzen.

z. B. bei einer Erhöhung der Raumtemperatur von 18°C auf 19°C

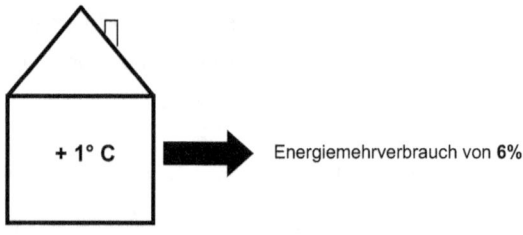

z. B. bei einer Erhöhung der Raumtemperatur von 18°C auf 24°C

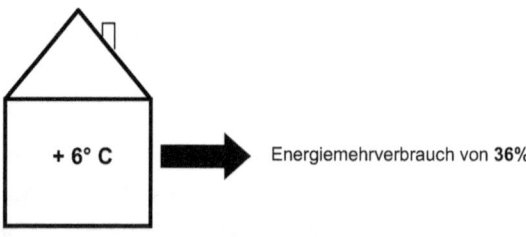

Abb. 23: Beispiel: Raumtemperaturerhöhung

Wenn man dann noch berücksichtigt, dass die Menschen ein deutlich unterschiedliches Lüftungsverhalten haben und dass die interne Wärmegewinne erzeugende Ausstattung der Wohnung mit Elektrogeräten ganz unterschiedlich ist, so kann man sagen, dass der Energieverbrauch eines Mieters mit individueller Prägung keinesfalls mit dem Energieverbrauch eines anderen Mieters mit anderer individueller Prägung vergleichbar ist. Aus diesem Grunde kann der verbrauchsorientierte Energieausweis das Ziel, Transparenz in Richtung Warmmiete zu ermöglichen, keinesfalls erfüllen.

3.3 Konsequenzen aus dem Energieausweis

3.3.1 Vergleich der Modernisierungsvorschläge

Um die energetische Qualität des Gebäudes zu steigern, bedarf es einer Reihe von bautechnischen Verbesserungen. An Abb. 25 soll veranschaulicht werden, welche Ansatzpunkte es für bautechnische Maßnahmen zur Verringerung des Energiebedarfs von Gebäuden gibt.

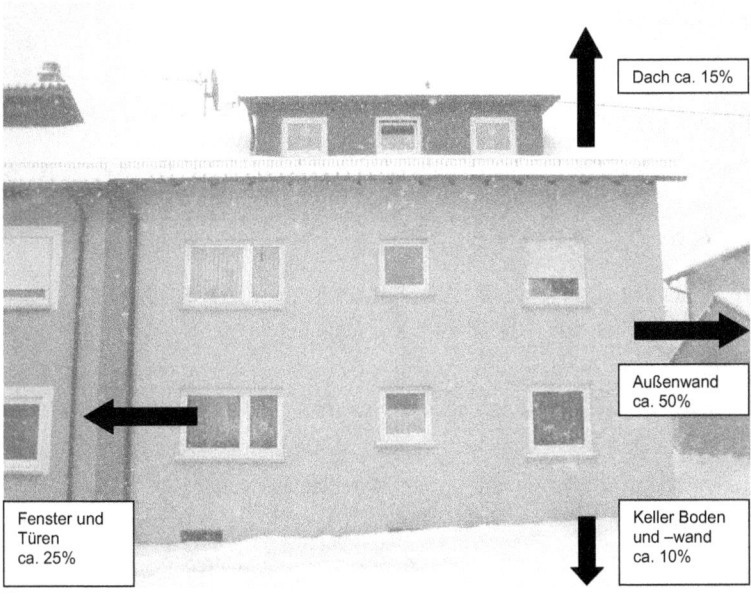

Abb. 24: Heizwärmeverluste am Beispielgebäude

Das Gebäude wurde seit der Erstellung 1977 bis auf den Ausbau des Dachgeschosses nicht verändert. Das Dach wurde im Rahmen des Ausbaus des Dachgeschosses mit Mineralwolle gedämmt. Die Außenwände bestehen aus 24 cm dicken Bimshohlblocksteinen, eine Wärmedämmung weisen die Außenwände nicht auf. Insgesamt ist festzuhalten, dass außer am Dach nirgendwo Dämmmaterial verbaut wurde.

Auch nicht an der Kellerdecke, die aus einer Fertigteildecke besteht. Die Fenster sind ebenfalls Baujahr 1977 und weisen daher der Zeit entsprechende energetische Eigenschaften auf.

Ziel ist es, die energetische Qualität des Gebäudes drastisch zu erhöhen. Welche Maßnahmen dabei die aus ökonomischer und bauphysikalischer Sicht besten Lösungen darstellen, soll in den folgenden Abschnitten geklärt werden.

Um die energetische Qualität des Gebäudes zu steigern, bedarf es einer Reihe von bautechnischen Verbesserungen. Die einzelnen Vorschläge, wie Sie schon im Blatt

Nr. 3 des Energieausweises unter Modernisierungstipps kurz beschrieben wurden und einige neue Maßnahmen zur Energiegewinnung, sollen hier noch einmal ausführlich

betrachtet werden.

Energieeinsparmaßnahmen

Die angegebenen Einsparungen in Prozent, sind immer in Relation zum ursprünglichen Jahres-Primärenergiebedarf von rund 311 kWh/(m²·a) zu betrachten.

- Anbringen eines Wärmedämmverbundsystems an der Außenwand
  Dämmplatten aus Polystyrol-Partikelschaum oder Mineral-Dämmstoff werden an die Gebäudeaußenwand geklebt, gedübelt oder mit Schienen mechanisch befestigt. Anschließend werden sie mit einem Putz überzogen, der durch Glasseidengewebe armiert ist. Darüber kommt der abschließende Oberputz bzw. das gewünschte Oberflächenmaterial.
  Zu empfehlen ist, gleich eine relativ dicke Dämmschicht anzubringen, da die Arbeitskosten sich zu einer dünneren kaum unterscheiden, die Materialkosten nicht viel höher sind, aber die Dämmwirkung viel besser wird. Es sollte allerdings beachtet werden, dass es insbesondere bei kleinen Fens-

tern und einer sehr dicken Dämmschicht zu konstruktiven Problemen kommen kann, da die lichte Öffnung unter Umständen zu klein wird. Ein 14 cm dickes WDVS aus Polystyrol würde den U-Wert der Wand von 1,51 W/(m²·K) auf ca. 0,2 W/(m²·K) senken. Für das Beispielgebäude würde dies eine Senkung des berechneten Jahres-Primärenergiebedarf von 311 kWh/(m²·a) auf 214 kWh/(m²·a) bedeuten. Das entspräche einer Energieeinsparung von rund 31 %.

- Anbringen einer unterseitigen Wärmedämmung an der Kellerdecke
  Zur Sanierung werden Dämmplatten unter die Kellerdecke montiert. Da die Höhe der Keller im Allgemeinen begrenzt ist, muss vor Beginn der Maßnahme sorgfältig geprüft werden, welche Dämmstärke zum Einsatz kommen kann. Am Beispiel wäre eine 6 cm dicke Dämmschicht mit einer Wärmeleitfähigkeit WLG 0,35 zu empfehlen. Dies würde den U-Wert von 1,2 W/(m²·K) auf ca. 0,36 W/(m²·K) senken. Der Jahres-Primärenergiebedarf würde dadurch um etwa 18 kWh/(m²·a) fallen, was einer prozentualen Einsparung von rund 6 % entspricht.

- Austausch der Fenster, Einbau moderner Wärmeschutzverglasung
  Die bestehenden Fenster werden durch eine moderne Dreischeiben Wärmeschutzverglasung mit einem neuen U–Wert von 0,9 W/(m²·K) ersetzt. Der alte U–Wert lag im EG und OG bei 1,9 W/(m²·K) und im DG bei 1,6 W/(m²·K).
  Der Jahres-Primärenergiebedarf sinkt dabei um etwa 10 kWh/(m²·a) , was einer prozentualen Einsparung von rund 3 % entspricht.

- Austausch des Heizkessels, Einbau eines modernen Brennwertkessels
  Der bestehende Heizkessel wird durch einen modernen Brennwertkessel mit einem Normnutzungsgrad bis 96 % ersetzt.
  Der Jahres-Primärenergiebedarf verringert sich hierdurch um ca. 30 kWh/(m²·a). Dies entspricht einer prozentualen Einsparung von etwa 10 %.

In diesen Modernisierungsratschlägen nicht berücksichtigt wurde die nachträgliche Isolierung des Dachs, diese Maßnahme wurde bei der Beispielimmobilie schon verwirklicht. Realisiert man alle der genannten Modernisierungsmaßnahmen kommt man auf einen neuen Jahres-Primärenergiebedarf von 178 kWh/(m²·a), das sind 43% weniger gegenüber dem Ausgangswert von 311 kWh/(m²·a). Die Anteile der einzelnen Modernisierungsmaßnahmen an der Gesamteinsparung sind in Abb. 25 dargestellt.

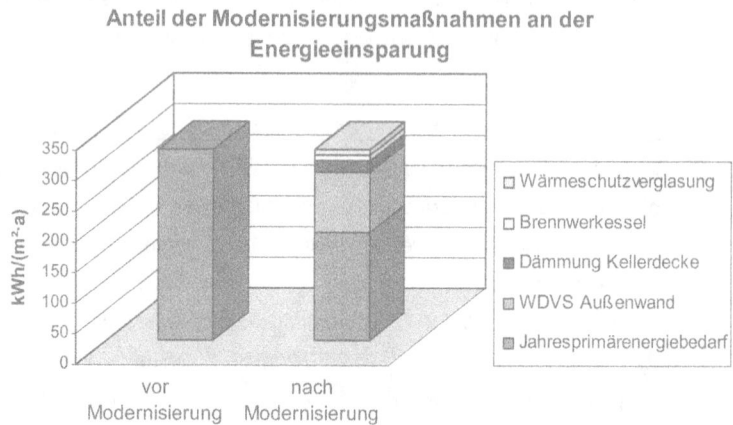

Abb. 25: Anteil der Modernisierungsmaßnahmen an der Energieeinsparung

Aktive Energieeinsparmaßnahmen

Eine aktive Energieeinsparung könnte im Falle des Beispielgebäudes mittels einer solarthermie Anlage zur Brauchwassererwärmung und Heizungsunterstützung gewährleistet werden.

Vakuum-Röhrenkollektoren

Mit einer Vakuum-Röhrenkollektor Anlage ließen sich in diesem konkreten Fall ca. 10 % der zum Heizen und Warmwassererzeugung benötigten Energie einsparen.

Allerdings in diesem Fall nur in Verbindung mit einem neuen Heizkessel. Dies würde einer ungefähre Energieeinsparung von 311 kWh/(m²·a) auf 279 kWh/(m²·a) entsprechen. Diese Schätzung kann allerdings je nach Ausführung der Anlage und Witterung stark differieren. Abb. 26 zeigt die Anteile der einzelnen Modernisierungsmaßnahmen mit einer Vakuum-Röhrenkollektor Anlage.

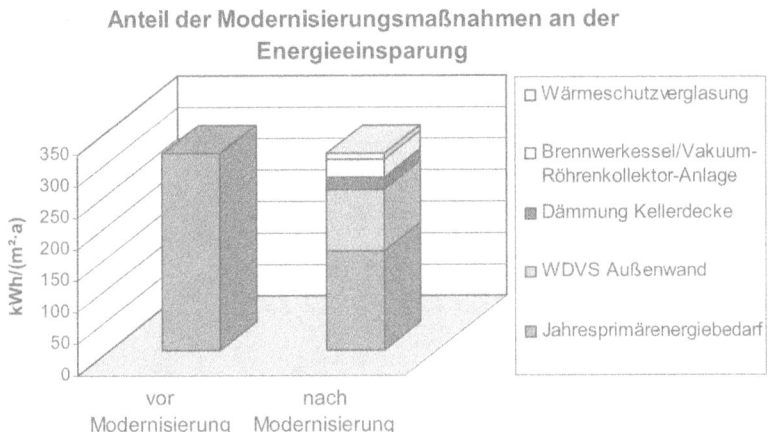

Abb. 26: Anteil der Modernisierungsmaßnahmen an der Energieeinsparung inkl. Vakuum-Röhrenkollektoren Anlage

3.3.2 Kosten der möglichen Sanierungsmaßnahmen zur Energieeinsparung

Die Kosten werden einmal, (Gesamt 1) ohne Vakuum-Röhrenkollektoren und einmal mit Vakuum-Röhrenkollektoren (Gesamt 2) berechnet. Die Preise für die jeweiligen Leistungen sind im Falle des WDVS, der Fenster und der Unterdämmung aus dem WEKA Baukostenatlas 2005. Der Preis für die Heizungsanlage resultiert aus einer direkten Anfrage bei der Firma Viessmann und der Preis für die Vakuum-Röhrenkollektoren stammt aus einer Onlinekalkulation der solarcontact GmbH.

Exemplarisches Leistungsverzeichnis:

Objekt: Kürnbacherstraße 14   24.01.2007

Position	Leistungsverzeichnis		EP [€]	GP [€]
1	AW WDVS, PS 140 mm, mineralischer Oberputz gescheibt, Dispersion	180 m²	90,53	16.295,40
2	DE Unterdämmung, PS 60 mm, Putz	85 m²	53,98	4.588,30
3	AW Fenster Kunststoff, 1-flügelig, Fensterbänke, 0,5 – 2,0 m², ohne Sprossen, Ug 0,9	13,52 m²	323,45	4.373,04
3.1	AW Fenster Kunststoff, 2-flügelig, Fensterbänke, 2,0 – 3,0 m², ohne Sprossen, Ug 0,9	10,36 m²	323,45	3.350,94
4	Öl-Brennwert Unit mit Vitoflame 300 Unit Blaubrenner, Nenn-Wärmeleistung: 19,4 bis 29,2 kW	1 Stck.		14.730,00
	Gesamt 1:			**43.337,69**
5	Vakuum-Röhrenkollektoren, 16m², 1300 Liter speicher	1 Stck.		15.731,00
	Gesamt 2:			**59.068,69**

3.3.3 Auswirkungen auf den Gebäudewert

Um die Auswirkungen einer energetischen Sanierung auf den Wert der Beispielimmobilie zu untersuchen, soll der Wert des Gebäudes vor und nach einer möglichen Sanierung sowohl nach dem Sachwertverfahren als auch nach dem Ertragswertverfahren ermittelt werden.

Kennwerte:

Bruttogrundfläche BGF	242,70	m²
Bruttorauminhalt BRI	1.087,54	m³
Gesamtnutzungsdauer	100	a
Gebäudealter	30	a
Normalherstellungskosten NHK[28]	652	€/m²
Baunebenkostenanteil	12	%
Bodenwert	144.000,00	€
Marktanpassungsfaktor	0,9	-
Alterwertminderung nach ROSS[29]	19,5	%
Bewirtschaftungskosten	3	%
Liegenschaftszins[30]	3,5	%
Restnutzungsdauer	70	a
Vervielfältigter (Liegenschaftszinssatz = 3,5%, Restnutzungsdauer 70 a)	18,39	-
Mietzins	4	€/m²
Vermietbare Fläche	220	m²
3 Garagen	20	€/Stck.

Bewertung des Gebäudes im Ist-Zustand

Sachwertverfahren

Berechnungsbasis BGF [m²]	242,70
Normherstellungskosten je Bezugseinheit [€/m²]	652,00
Baupreisindex	1,00
Normalherstellungskosten zum Bewertungszeitpunkt	652,00 €
Herstellungswert (ohne BNK)	158.240,40 €
Zu-/Abschläge	-
Gebäudeherstellungswert (ohne BNK)	**158.240,40 €**
Baunebenkosten	18.988,85 €
Gebäudewert (inkl. BNK)	**177.229,25 €**
Alterswertminderung	34.559,70 €
Gebäudewert	**142.669,54 €**
Wert der Außenanlagen	25.000,00 €
Wert Gebäude und Außenanlagen	**167.669,54 €**
Bodenwert	144.000,00 €
vorläufiger Sachwert	**311.669,54 €**

---

[28] WEKA, Baukosten-Atlas Neubau-Wohnungsbau 2005, Version 5.1.0.1
[29] Haug (2005) S.14
[30] Telefonisch bei der Gemeinde erfragt

vorläufiger Sachwert	311.669,54 €
Marktanpassungsfaktor	0,90 €
Angepasster vorläufiger Sachwert	**280.502,59 €**
sonstige Wertbeeinflussenden Umstände	
Sachwert des Bewertungsobjekts	**280.502,59 €**

Ertragswertverfahren

Rohertrag	**11.280,00 €**
Bewirtschaftungskosten	338,40 €
Jahresreinertrag	**10.941,60 €**
Reinertraganteil des Bodens	5.040,00 €
Ertrag der baulichen Analagen	**5.901,60 €**
Vervielfältiger	26,00
Ertragswert der baulichen Anlagen	**153.443,94 €**
Bodenwert	144.000,00 €
vorläufiger Ertragswert	**297.443,94 €**
sonstige wertbeeinflussenden Umstände	
Ertragswert	**297.443,94 €**

Nun soll das Gebäude im vollständig energetisch sanierten Zustand bewertet werden.

Beim Sachwertverfahren sollen die Kosten der Sanierung als Zuschlag gewertet werden. Die Vakuum-Röhrenkollektoren zur Brauchwassererwärmung werden als besondere Bauteile gewertet.

Beim Ertragswertverfahren wird von einer Erhöhung des Mietzinses innerhalb der nächste 3 Jahre um jeweils 6,5 % ausgegangen. Die Rahmenbedingungen für diese Erhöhung setzt der §559 BGB. Nach §559 Abs. 1 kann die jährliche Miete bei Modernisierungsmaßnahmen um 11 % der für die Wohnung aufgewendeten Kosten erhöht werden.

Im Beispiel würde das bedeuten, dass die monatliche Miete von 4 €/m² auf 6,46 €/m² steigen würde. Dies würde einer Mieterhöhung von gut 62 % entsprechen. Da dies natürlich sowohl im rechtlichen Sinne, vgl. §138 Sittenwidriges Rechtsgeschäft; Wucher, als auch im Sinne der „guten Sitten" nicht vertretbar wäre, muss versucht werden hier eine für beide Seiten akzeptable Lösung zu finden.

Im Beispiel wird deshalb von einer jährlichen Erhöhung von 8 % über drei Jahre ausgegangen.

Bewertung im umfassend energetisch sanierten Zustand
(inkl. Vakuum-Röhrenkollektoren)

Sachwertverfahren

Berechnungsbasis BGF [m²]	242,70
Normherstellungskosten je Bezugseinheit [€/m²]	652,00
Baupreisindex	1,00
Normalherstellungskosten zum Bewertungszeitpunkt	652,00 €
Herstellungswert (ohne BNK)	158.240,40 €
besondere Bauteile	15.731,00 €
Zu-/Abschläge	43.355,69 €
Gebäudeherstellungswert (ohne BNK)	**217.327,09 €**
Baunebenkosten	18.988,85 €
Gebäudewert (inkl. BNK)	**236.315,94 €**
Alterswertminderung	46.081,61 €
Gebäudewert	**190.234,33 €**
Wert der Außenanlagen	25.000,00 €
Wert Gebäude und Außenanlagen	**215.234,33 €**
Bodenwert	144.000,00 €
vorläufiger Sachwert	**359.234,33 €**
Marktanpassungsfaktor	0,90 €
Angepasster vorläufiger Sachwert	**323.310,90 €**
sonstige Wertbeeinflussenden Umstände	
Sachwert des Bewertungsobjekts	**323.310,90 €**

Ertragswertverfahren

Rohertrag	**14.022,00 €**
Bewirtschaftungskosten	420,66 €
Jahresreinertrag	**13.601,34 €**
Reinertraganteil des Bodens	5.040,00 €
Ertrag der baulichen Analagen	**8.561,34 €**
Vervielfältiger	26,00
Ertragswert der baulichen Anlagen	**222.598,24 €**
Bodenwert	144.000,00 €
vorläufiger Ertragswert	**366.598,24 €**
sonstige wertbeeinflussenden Umstände	
Ertragswert	**366.598,24 €**

Der Wert ohne den Einbau einer Vakuum-Röhrenkollektoren Anlage würde sich nur bei der Berechnung des Sachwertes verändern, dieser würde auf 307.579,90 € sinken.

4 Wirtschaftlichkeitsuntersuchung von Sanierungsmaßnahmen gemäß EnEV

4.1 Definition der Sanierungsvarianten

Es sollen zwei Sanierungsvarianten beurteilt werden. Einmal ein passiver Ansatz bei dem alle wärmeübertragenden Flächen, die an eine unbeheizte Zone grenzen saniert werden und einmal ein Ansatz bei dem zusätzlich ein moderner Brennwertkessel installiert wird. Betrachtet man bei den unterschiedlichen Maßnahmen zur Energieeinsparung das Verhältnis zwischen Kosten und Nutzen, fällt gerade beim Einbau neuer Wärmeschutzverglasung auf, dass die Kosten im Verhältnis zur realisierbaren Einsparung relativ hoch sind. Für die Beispielimmobilie wurde errechnet, dass das WDVS mit gut 31 % zur Gesamteinsparung beiträgt und die Wärmeschutzverglasung lediglich mit ca. 3 %. Die Kosten der Maßnahmen unterscheiden sich nicht in der selben Deutlichkeit wie folgende Tabelle zeigt:

Maßnahme	Einsparung	Kosten
WDVS	31,00%	16.295,40 €
Wärmeschutzverglasung	3,00%	7.723,98 €

Tabelle 12: Kostenvergleich der Energiesparmaßnahmen

Anzumerken wäre, dass im Beispiel die Fenster auch schon vor der Sanierung mit einem U-Wert von 1,9 W/(m²·K) nicht dramatisch schlecht waren. Sollte das zu sanierende Gebäude mit einer herkömmlichen Einfachverglasung mit einem U-Wert von ca. 5 W/(m²·K) ausgestattet sein, würde die Einsparung je nach Fensterflächenanteil deutlicher ausfallen. Trotzdem bleibt festzuhalten, dass die Relation von Sanierungsaufwand und Energieeinsparung bei den Fenstern am schlechtesten ist.

In der folgenden Betrachtung der Wirtschaftlichkeit soll aus konstruktiven Gründen dennoch immer von einer umfassenden Dämmung aller wärmeübertragenden Flächen, die an eine unbeheizte Zone grenzen, ausgegangen werden. Bei der Außendämmung einer Fassade mit 140 mm dicken Polystyrol-Hartschaumplatten würden die Fenster ohne eine Erneuerung sehr tief in der Fassade sitzen. Die lichte Öffnung würde je nach Fenstergröße stark verkleinert. Auch die Optik der Fassade würde darunter stark leiden.

Beide Varianten sollen einmal im selbst genutzten Fall und einmal im vermieteten Bestand untersucht werden.

4.2 Wirtschaftlichkeit der Maßnahmen – Selbstgenutzte Immobilie

Energietechnische Sanierungsmaßnahmen im Gebäudebereich sind in der Regel mit hohen Kosten verbunden und zielen auf die Reduzierung zukünftiger Ausgaben.

Bei solchen Investitionen stellt sich natürlich die Frage der Wirtschaftlichkeit.

Zur Entscheidungsfindung stellt die betriebswirtschaftliche Investitionstheorie eine Reihe von Verfahren zur Verfügung.

- Statische Verfahren

Bekannte statische Verfahren der Investitionsrechnung sind die Gewinnvergleichs- bzw. Kostenvergleichsrechnung, die Rentabilitätsvergleichsrechnung und die statische Amortisationsrechnung. Vorteile der statischen Verfahren sind die einfachen Handhabung und der relativ geringe Informationsbedarf. Allerdings bieten diese Verfahren keine ausreichende Basis zur Beurteilung von Investitionsentscheidungen, weil es sich bei Energiesparinvestitionen immer um mehrperiodige Entscheidungsprobleme handelt. Bei deren Beurteilung müssen die zeitliche Struktur der Ein- und Auszahlungsreihen und entsprechende Zinseffekte berücksichtigt werden.

- Dynamische Verfahren

Das wesentliche Merkmal von dynamischen Verfahren ist es, die zu unterschiedlichen Zeitpunkten anfallenden Zahlungen mit Hilfe der Zinseszinsrechnung auf einen gemeinsamen Vergleichszeitpunkt ab- oder aufzudiskontieren. Somit haben Einnahmen und Ausgaben nicht nur über ihren Betrag, sondern auch über den Zeitpunkt des Cash-flows einen Einfluss auf das Ergebnis. Dies ist der entscheidende Vorteil gegenüber den statischen Verfahren. Zu den dynamischen Verfahren zählt die Kapitalwertmethode, die Annuitätenmethode und die interne Zinsfußmethode. Ein auf der Annuitätenmethode basierendes dynamisches Verfahren ist die Ermittlung der sogenannten „Kosten der eingesparten kWh Endenergie"[31].

---

[31] Enseling S. 12 (2006)

4.2.1 Die „Kosten der eingesparten Endenergie"

Das Beurteilungskriterium „Kosten der eingesparten kWh Endenergie" eignet sich insbesondere dann zur Beurteilung der Vorteilhaftigkeit einer Investition, wenn die Energiekosteneinsparungen vom Eigentümer tatsächlich als Einnahmen verbucht werden können. Dies ist vor allem im selbstgenutzten Wohnungsbau der Fall. Energiesparinvestitionen müssen mit den Energiekosten, die ohne diese Maßnahmen angefallen wären verglichen werden d. h. sie sind immer im Vergleich zu den sonst entstehenden Energiekosten zu sehen. Rentabel ist eine Maßnahme dann, wenn die aus dem Energieverbrauch resultierenden Kosten nach der Sanierung nicht höher sind als zuvor (einschließlich Zins und Tilgung für das eingesetzte Kapital). Als Energieverbrauch ist bei dieser Berechnungsmethode immer der Jahres-Primärenergiebedarf anzusetzen. Der Jahres-Primärenergiebedarf beziffert, wie viel Energie im Verlauf eines durchschnittlichen Jahres für Heizen, Lüften und Warmwasserbereitung benötigt wird.

Ein in diesem Sinne geeignetes Beurteilungsverfahren ist die Ermittlung der „Kosten der eingesparten kWh Endenergie".

$$P_{ein} = \frac{K}{E_0 - E_S} \qquad \text{€/kWh}$$

K	= annuitätische Kosten der Maßnahme	€/a
E_S	= jährlicher Energieverbrauch nach Durchführung der energiesparenden Maßnahmen	kWh/a
E_0	= jährlicher Energieverbrauch ohne energiesparende Maßnahmen	kWh/a
K	= $a_{i,n} \cdot I + Z$	€/a
I	= Mehrkosten für die energiesparende Maßnahme	€
Z	= eventuell jährlich anfallende Zusatzkosten verursacht durch die Maßnahmen	€
$a_{p,n}$	= Annuitätenfaktor	-

$$a_{p,n} = \frac{p \cdot (1+p)^n}{(1+p)^n - 1}$$

p = Kalkulationszinssatz %
n = Betrachtungszeitraum a

Die Berechnungen gehen von einer vollständigen Fremdfinanzierung der Investition aus. Der Kalkulationszinssatz sollte dann die durch die Kreditaufnahme entstandene Zinsbelastung abbilden. Er ist definiert als Zinssatz des aufgenommenen Kredits.

Die Kosten P_{ein} der eingesparten kWh Energie werden schließlich mit dem mittleren zukünftigen Energiepreis P^{32} verglichen.

$$P = k_e \cdot \left(\frac{1+s_u}{p-s_u}\right) \cdot \left(1 - \left(\frac{1+s_u}{1+p}\right)^n\right) \cdot a_{p,n} \quad \text{€/kWh}$$

k_e = gegenwärtiger Energiepreis €/kWh
s_u = jährliche Energiepreissteigerungsrate %

Eine Energiesparmaßnahme kann unter den getroffenen Annahmen dann als wirtschaftlich bezeichnet werden, wenn gilt:

$P_{ein} < P$

d. h. wenn die Kosten der eingesparten Endenergie kleiner sind als der mittlere zukünftige Energiepreis. Beim Kriterium „Kosten der eingesparten kWh Endenergie" ist der über die gesamte Nutzungsdauer (z. B. eines Gebäudes) erwartete mittlere Energiepreis P entscheidend. Der mittlere Energiepreis ist ein Schätzpreis, der sehr vielen Einflüssen unterworfen ist. Generell ist es zu empfehlen, diesen, höher als die Inflationsrate anzusetzen, da die politischen Rahmenbedingungen in Zukunft noch stärker auf eine Erhöhung des Energiepreises hinwirken werden.

Die energetische Sanierung ist in diesem Zusammenhang betrachtet auch so etwas wie eine Versicherung gegen steigende Energiepreise.

---

[32] Telefonisch bei Hr. Dr. Enseling vom IWU erfragt (08.02.2007)

Beispiel

Anhand der Beispielimmobilie soll die Berechnung der „Kosten der eingesparten kWh Endenergie" exemplarisch durchgeführt werden. Der Betrachtungszeitraum beträgt 25 Jahre und es wird ein Kalkulationszinssatz von 5 % angenommen.

Mit Austausch der Heizungsanlage

$$P_{ein} = \frac{3.076{,}97 \text{ €}/a}{74.464{,}38 \text{ kWh}/a - 42.394{,}13 \text{ kWh}/a}$$

$P_{ein} = 0{,}096$ €/kWh

$P_{ein} < P$

Bei der Ermittlung des mittleren zukünftigen Energiepreises wurde von einem aktuellen Energiepreis von 0,06 €/kWh und einer jährlichen Preissteigerung von 5 % ausgegangen.

$P \approx 0{,}16$ €/kWh

0,096 €/kWh < 0,106 €/kWh

Mit diesem Ergebnis ist die Vorteilhaftigkeit der Investition zwar belegt, aber die geringe Differenz macht deutlich, dass bei einer geringeren Preissteigerung die Vorteilhaftigkeit nicht mehr zu belegen wäre. Sollte der Energiepreis anstatt um 5 % nur um 4 % jährlich steigen, wäre der zukünftige mittlere Energiepreis 0,094 €/kWh d.h. die Investition wäre nicht vorteilhaft.

Ohne Austausch der Heizungsanlage

$$P_{ein} = \frac{2.031{,}16 \text{ €}/a}{74.464{,}38 \text{ kWh}/a - 44.714{,}4 \text{ kWh}/a}$$

$P_{ein} = 0{,}068$ €/kWh

0,068 €/kWh < 0,106 €/kWh

Bei der Berechnung ohne Austausch des Heizkessels fällt das Ergebnis deutlicher aus, in diesem Falle wäre bei einer Sanierung zu überlegen, den Heizkessel, sollte er nicht zwingend durch die Regelungen der EnEV entfernt werden müssen, weiterhin zu betreiben.

4.2.2 Parameterstudie

Der Einfluss verschiedener Parameter auf die Ergebnisse einer Wirtschaftlichkeitsberechnung soll in der folgenden Parameterstudie abgeschätzt werden.

Als Berechnungsgrundlage sollen die Werte des Beispiels verwendet werden Entscheidend für die Betrachtung der Wirtschaftlichkeit ist der Vergleich zwischen der eingesparten Endenergie und des zu erwartenden mittleren Energiepreises. Der zukünftige mittlere Energiepreis berechnet sich auf Basis des aktuellen Energiepreises, einem geschätzten Faktor für die jährliche Preissteigerung, dem aktuellen Kalkulationszinssatz und dem zu betrachtenden Zeitraum. Sämtliche Faktoren, angefangen beim aktuellen Preis, unterliegen starken Schwankungen, wie folgende Abbildung verdeutlicht.

Abb. 27: Preisentwicklung beim Heizöl[33]

---

[33] www.tecson.de (09.02.2007)

Der vielleicht kritischste Faktor ist der mittlere zu erwartende Energiepreis. Eine Abweichung um ein Prozent bei der Annahme der Preissteigerung kann darüber entscheiden, ob investiert wird oder nicht. Es empfiehlt sich bei einer Entscheidungsfindung immer die Wirtschaftlichkeit anhand mehrerer Energiepreissteigerungen zu überprüfen. Folgendes Diagramm verdeutlicht, wie wichtig eine genaue Betrachtung aller Parameter ist.

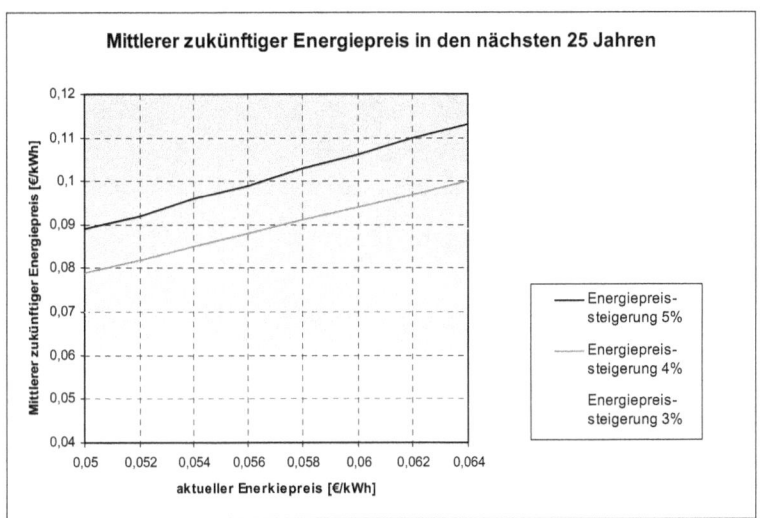

Abb. 28: Mittlerer zukünftiger Energiepreis

Ein weiterer Faktor, der genauer untersucht werden sollte, ist die Auswirkung des Betrachtungszeitraums auf die Kosten der eingesparten Kilowattstunden Endenergie.

Installiert man wie in Variante eins der Beispielrechnung vorgesehen eine neue Heizungsanlage, ist bei dieser von einer geringeren technischen Lebensdauer auszugehen als bei Variante zwei, bei der nur Dämmaßnahmen und eine neue Wärmeschutzverglasung vorgesehen ist. Der Einfluss des Betrachtungszeitraums soll an den beiden Varianten aus der Beispielrechnung graphisch verdeutlicht werden.

Mit Austausch der Heizungsanlage:

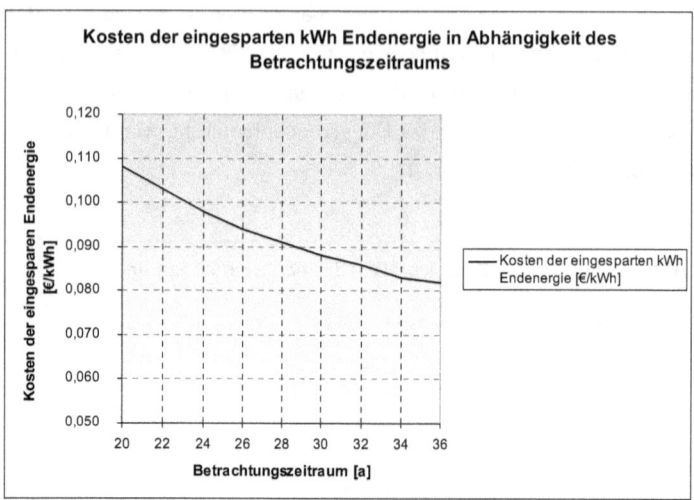

Abb. 29: Kosten der eingesparten kWh Endenergie in Abhängigkeit des Betrachtungszeitraums, mit Austausch des Heizungskessels

Ohne Austausch der Heizungsanlage:

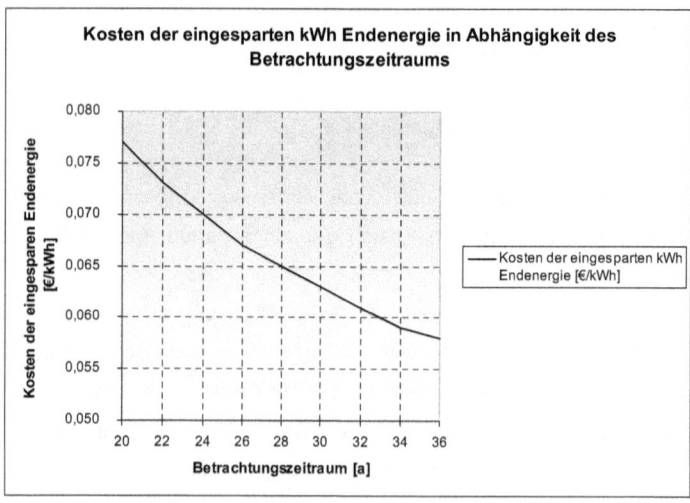

Abb. 30: Kosten der eingesparten kWh Endenergie in Abhängigkeit des Betrachtungszeitraums, ohne Austausch des Heizungskessels

Die beiden Graphiken verdeutlichen: Je länger der Betrachtungszeitraum, desto geringer der Preis für die eingesparte kWh Endenergie. Gleichzeitig steigt durch den verlängerten Betrachtungszeitraum der mittlere Preis für die eingekaufte kWh Endenergie stark an. In folgender Abb. 31 wird dies nochmals verdeutlicht.

In dieser Abbildung wurde von einem aktuellen Energiepreis von 0,06 €/kWh und einer Energiepreissteigerung von 5 % ausgegangen.

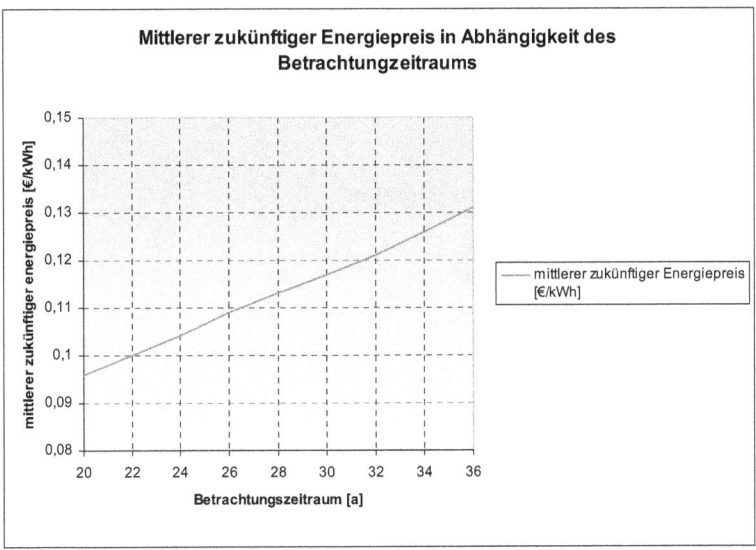

Abb. 31: Mittlerer zukünftiger Energiepreis in Abhängigkeit des Betrachtungszeitraums

4.2.3 Der annuitätische Gewinn

Ein weiteres Kriterium, dass zur Beurteilung der Wirtschaftlichkeit der energetischen Gebäudesanierung verwendet werden kann, ist der annuitätische Gewinn. Der annuitätische Gewinn ist definiert als die Differenz zwischen den annuitätischen Kosten und dem annuitätischen Erlös. Den annuitätischen Erlös stellen in diesem Fall die annuitätischen Einsparkosten dar, d. h. die jährlichen Energiekosten nach Durchführung der Maßnahme werden von den jährlichen Energiekosten vor der energetischen Sanierung abgezogen.

$E = P \cdot E_0 - P \cdot E_S$ €/kWh

E = annuitätische Erlöse (jährliche Einsparung durch die Sanierung)

Die energetische Sanierung ist dann als vorteilhaft zu bewerten, wenn die annuitätische Energiekosteneinsparung größer ist als die annuitätischen Kosten.

$G = E - K$ €/kWh

G = annuitätischer Gewinn €

Beispiel

Mit Austausch der Heizungsanlage

E = 0,0106 €/kWh · 74.464,38 kWh/a − 0,0106 €/kWh · 42.394,13 kWh/a
E = 3.413,15 €/a

G = 3.413,15 €/a − 3.074,92 €/a
G = 338,24 €/a
   338,24 €/a > 0 ⇨ Investition vorteilhaft

Ohne Austausch der Heizungsanlage

E = 0,0106 €/kWh · 74.464,38 kWh/a − 0,0106 €/kWh · 44.714,4 kWh/a
E = 3.166,21 €/a

G = 3.166,21 €/a − 2.029,79 €/a
G = 1.136,42 €/a
   1.136,42 €/a > 0 ⇨ Investition vorteilhaft

Bei der Berechnung des annuitätischen Gewinns für die Beispielimmobilie wird deutlicher, was sich schon bei der Berechnung der Kosten der eingesparten kWh Endenergie angedeutet hat. Die Alternative ohne Austausch der Heizungsanlage ist deutlich wirtschaftlicher.

Zu beachten ist, dass auch diese Berechnungsmethode relativ großen Unsicherheiten unterworfen ist. Der erwartete zukünftige Energiepreis geht direkt in die Berechnung mit ein. Augrund des relativ knappen Ergebnisses der Berechnung mit Austausch der Heizungsanlage und der damit verbunden Unsicherheit bezüglich der Energiepreissteigung, soll die Berechnung mit unterschiedlichen Annahmen der Energiepreissteigung durchgeführt werden. Folgende Abb. 32 verdeutlicht die Ergebnisse.

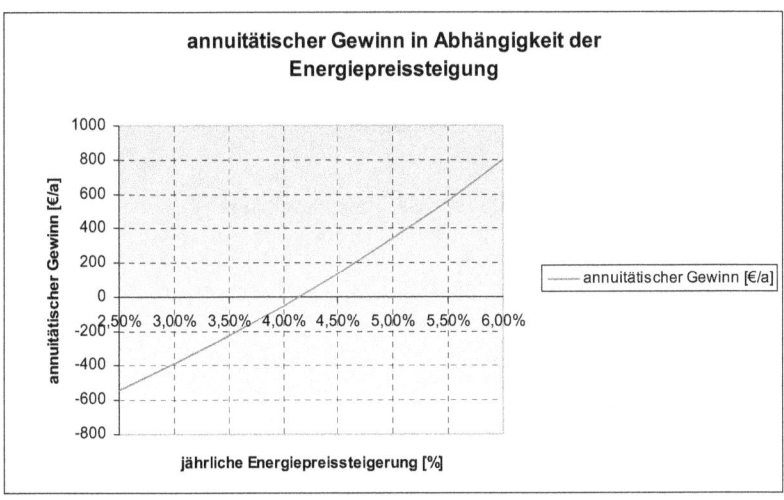

Abb. 32:   Annuitätischer Gewinn in Abhängigkeit der Energiepreissteigerung

Wie die Abbildung zeigt, ist die Investition ab einer Energiepreissteigerung von weniger als ca. 0,0415 % nicht mehr rentabel.

4.2.4 Amortisationszeit

Die Amortisationszeit stellt ein weiteres wichtiges Kriterium zur Beurteilung der Wirtschaftlichkeit einer Investition dar. Die Amortisationszeit sollte geringer sein als die erwartete technische Lebensdauer der zur Sanierung verwendeten Komponenten.

$$A = \frac{\ln\left(1 - \frac{I \cdot (q-r)}{R}\right)}{\ln\left(\frac{r}{q}\right)}$$

q   = Zinsfaktor   -
m_e = Mittelwertfaktor der Energieverteuerung   -
R   = jährliche Einsparung   €
R   = Preisänderungsfaktor   -

Beispiel

Mit Austausch der Heizungsanlage

A   = 23,65 Jahre

A   ≈ 23 Jahre 8 Monate

Ohne Austausch der Heizungsanlage

A   = 16,82 Jahre

A   ≈ 16 Jahre 10 Monate

Auch bei diesem Ansatz zur Beurteilung der Wirtschaftlichkeit schneidet die Variante ohne Austausch der Heizungsanlage deutlich besser ab.

4.2.5 Staatliche Förderung

Die bundeseigene Kreditanstalt für Wiederaufbau (KfW) stockt ihr CO_2-Gebäudesanierungsprogramm zum 01. Januar 2007 auf. Künftig wird es nicht nur zinsvergünstigte Darlehen, sondern in bestimmten Fällen auch Zuschüsse für sanierungswillige Immobilienbesitzer geben, die kein Darlehen aufnehmen wollen.

Gefördert werden über das CO_2-Gebäudesanierungsprogramm künftig auch Gebäude, die bis Ende 1994 errichtet wurden (bisher: 1983). Eigentümer von Ein- und Zweifamilienhäusern sowie von Eigentumswohnungen erhalten künftig einen Zuschuss von bis zu 17,5 % der Kosten, maximal 8.750 Euro. Eine Förderung in dieser Höhe gibt es allerdings nur dann, wenn nach der Sanierung der Energiebedarf um mindestens 30 % unterhalb des Neubau-Niveaus gemäß Energieeinspar-Verordnung (EnEV) liegt. Wird dagegen das Neubau-Niveau exakt erreicht, erhält der Sanierer bis zu 10 % der Kosten (maximal 5.000 Euro) erstattet. Zuschüsse bis zu 2.500 Euro gibt es, wenn nur bestimmte Maßnahmen, jedoch keine komplette energetische Sanierung durchgeführt werden. Auch die Förderung über zinsvergünstigte Darlehen wird im kommenden Jahr verbessert. Neu ist, dass Sanierern 12,5 % der Darlehenssumme geschenkt werden (Tilgungszuschuss), sofern der Energiebedarf nach der Sanierung mindestens 30 % unterhalb des Neubauniveaus liegt. Weiterhin gibt es nur einen Tilgungszuschuss in Höhe von fünf Prozent, sofern energetisch das Neubauniveau gemäß EnEV erreicht wird.[34] In die vorangegangenen Methoden zur Berechnung der Wirtschaftlichkeit würden die genannten Fördermethoden entweder, im Falle von Zuschüssen, als eine Minderung der Investitionskosten oder im Falle von zinsgünstigen Darlehn, als eine Minderung des Kalkulationszinssatzes mit ein. Die Folge ist jedoch in beiden Fällen die gleiche und zwar, dass die Rentabilität der Maßnahme sich verbessert. Ein genaues Aufzeigen der Fördermethoden ist allerdings nicht möglich da sich Förderhöhe und Laufzeiten fast jährlich ändern. Dem Eigentümer ist zu empfehlen sich zeitnah zu seiner Sanierungsmaßnahme einen Überblick über die aktuellen Fördermethoden von Bund und Ländern zu verschaffen.

4.2.6 Fazit – Handlungsempfehlungen für selbst genutzte Immobilien

In den Berechnungsmethoden Kosten der eingesparten kWh Endenergie, annuitätischer Gewinn und Amortisationszeit wurden drei effektive Verfahren zur Betrachtung der Wirtschaftlichkeit genannt. Die nachfolgende Tabelle 13 verdeutlicht noch einmal die Ergebnisse.

---

[34] www.handelsblatt.de (15.02.2007)

	Mit Austausch der Heizungsanlage	Ohne Austausch der Heizungsanlage
Die „Kosten der eingesparten Endenergie"	P_{ein} = 0,096 €/kWh	P_{ein} = 0,068 €/kWh
Bedingung für Wirtschaftlichkeit: P_{ein} < P P ≈ 0,16 €/kWh	0,096 €/kWh < 0,106 €/kWh	0,068 €/kWh < 0,106 €/kWh
Der annuitätische Gewinn Bedingung für Wirtschaftlichkeit: Annuitätischer Gewinn > 0	338,24 €/a	1.136,42 €/a
Amortisationszeit	A ≈ 23 Jahre 8 Monate	A ≈ 16 Jahre 10 Monate

Tabelle 13: Übersicht, Wirtschaftlichkeit der Maßnahmen – Selbstgenutzte Immobilien

Die Parameterstudie hat gezeigt, wie labil manche Faktoren sein können und wie wichtig es deshalb ist, die verschiedenen Berechnungen mit mehreren unterschiedlichen Annahmen durchzuführen. Insbesondere die Entwicklung des Energiepreises wird in Zukunft immer schwerer vorauszusagen sein. Neue Verfahren zur Erschließung von Öl und Gasfeldern in der Tiefsee werden zwar die Versorgung noch über Jahrzehnte sicherstellen, aber mit den aufwendigen Fördermethoden wird auch der Preis steigen. Konfliktherde in Nahost und die Unberechenbarkeit russischer Gaslieferanten tun Ihr übriges dazu, die Preise einer ständigen Ungewissheit zu unterwerfen.

Für Privatpersonen, deren Immobilie nicht modernen energetischen Anforderungen entspricht, empfiehlt es sich auf jeden Fall, eine energetische Sanierung vorzunehmen.

Selbst in dem Fall, dass sich eine Kostengleichheit zwischen den Aufwendungen für eine Sanierung und den zukünftigen Mehrausgaben für die unsanierte Variante ergibt, ist aus volkswirtschaftlicher Sicht die erste Variante sehr viel wünschenswerter, da die anfallenden Kosten in diesem Fall der nationalen Wirtschaft zugute kommen würden und nicht in importierte Rohstoffe fließen. Auch der ökologische Nutzen einer energetischen Sanierung ist ein gewichtiges Argument.[35] Die staatliche Förderung sollte im individuellen Fall geprüft werden. Als Sanierungsmaßnahmen sind besonders umfangreiche Dämmmaßnahmen an Außenfassade, Kellerdecke und Dachgeschoss zu empfehlen. Bei der Heizungsanlage sollte zuerst geprüft werden ob sie gemäß den Vorschriften der EnEV noch weiter betrieben werden darf. Bei selbst genutzten Immobilien sollte dies im überwiegenden Fall zulässig sein. Falls die Anlage weiter betrieben werden darf, wäre es aus ökonomischer Sicht sinnvoll, diese weiter zu betreiben und dann zu gegebener Zeit auf eine Heizungsanlage mit einem nicht fossilen Energieträger umzusteigen.

4.2.7 Exkurs – alternative Heizsysteme

<u>Solarenergie – Vakuum-Röhrenkollektor</u>

Der Vakuum-Röhrenkollektor ist eine Bauweise von Sonnenkollektoren. Er wird meist zur Erwärmung von Wasser eingesetzt. Vakuumröhrenkollektoren besitzen ebenso wie Flachkollektoren einen beschichteten Kupferabsorber, der zumeist mittig in die innere von zwei Glasröhren eingebettet ist.

Die Isolationswirkung wird bei Vakuumröhrenkollektoren durch ein Vakuum in einer Glasröhre erreicht, welches einen Wärmetransport durch Konvektion vollständig unterbindet. Gleichzeitig ist das bei bestimmten Wetterlagen ein praktischer Nachteil: Vor allem im Winter bleiben Vakuumkollektoren auf Grund ihrer sehr guten Isolation oft längere Zeit schneebedeckt. Vakuumröhrenkollektoren erreichen gegenüber Flachkollektoren gleicher Größe wesentlich höhere Betriebstemperaturen. Außerdem bieten sie sich zur Nutzung beengter Dachflächen an, die nicht genügend Raum für eine bedarfsgerechte Flachkollektoren-Anlage bieten würden.

Die Wärme aus dem Kollektor wird durch das Rohr des Solarkreislaufes zum Speicher transportiert und vom Solar-Wärmetauscher an das Wasser übertragen. Dieser geschlossene Kreislauf enthält eine frostsichere Flüssigkeit, die auch ge-

---

[35] Enseling und Hinz S. 25 (2006)

gen Korrosion schützt und temperaturbeständig ist. Die Umwälzpumpe wird vom Solarregler immer dann eingeschaltet, wenn der Kollektor deutlich wärmer ist als der untere Teil des Speichers. Pumpe und Regler brauchen dafür jährlich weniger als 100 kWh Strom. Im Speicher gibt es neben dem Solar-Wärmetauscher noch einen Wärmetauscher, der im Bedarfsfall zusätzliche Wärme vom Heizkessel liefert. So steht immer warmes Wasser zur Verfügung. Speicher und Solarstation benötigen eine Stellfläche von einem Quadratmeter. Die Solarstation enthält neben Pumpe und Regler alle Bauteile, die zur allgemeinen Betriebssicherheit erforderlich sind. Die Abb. 33 zeigt den schematischen Aufbau einer Solarthermieanlage.

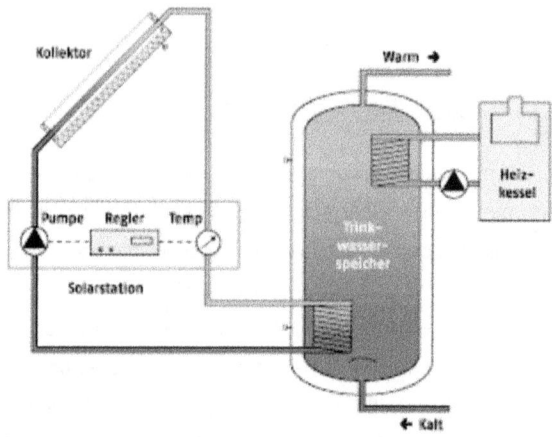

Abb. 33:   Schema einer solarthermischen Anlage[36]

Die Investitionskosten für eine derartige Anlage betragen ca. 1.000 bis 2.000 € je Quadratmeter Kollektorfläche. Pro Bewohner eines Gebäudes sollte mit 1 bis 2 m² Kollektorfläche kalkuliert werden. Wenn ein Gebäude ausschließlich mittels Solarenergie beheizt werden soll ist zu beachten, dass dazu eine sehr hohe Wärmedämmung des Gebäudes notwendig ist.

---

[36] www.solarcontac.com (13.03.2007)

Geothermie

Es gibt verschiedene Verfahren mittels Geothermie, Energie für den Gebrauch in Wohngebäuden sicherzustellen. Eines der gebräuchlichsten sind die Erdwärmesonden. Erdwärmesonden sind vertikale Erdreich-Wärmetauscher – meist U-Rohre –, in denen eine Wärmeträgerflüssigkeit zirkuliert. Derartige Anlagen haben sich technisch und wirtschaftlich sehr bewährt. Über einen geschlossenen Kreislauf «entziehen» Erdwärmesonden dem Untergrund Wärme. Als Wärmeträgerflüssigkeit dient dabei mit Frostschutz angereichertes Wasser. Die gewonnene Wärme wird mit Hilfe einer Wärmepumpe auf die zur Raumheizung und allenfalls zur Wassererwärmung benötigte Temperatur angehoben.

Die Länge von heute gebräuchlichen Erdwärmesonden variiert zwischen 50 m und 250 m, womit eine von der Tages- und Jahreszeit unabhängige Temperatur erreicht wird. Beispielsweise herrscht in einer Tiefe von 200 m eine konstante Temperatur von etwa 17 °C. Dies erlaubt, Wärmepumpen auch im Winter – bei tiefen Außentemperaturen – zu betreiben. Die
Abb. 34 verdeutlicht die Funktionsweise einer Erdwärmesonde.

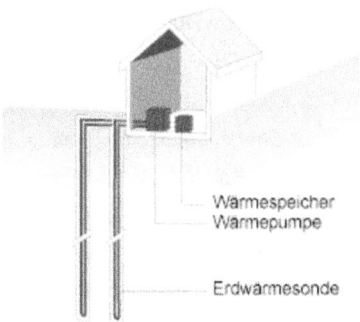

Abb. 34:   Erdwärmesonde[37]

Der wesentliche Vorteil der Geothermie gegenüber den anderen erneuerbaren Energieträgern ist die Grundlastfähigkeit. Erdwärme ist jahreszeitenunabhängig verfügbar und wird mit sehr unterschiedlichen technischen Verfahren gewonnen. Diese als Geothermie bezeichnete Energieform ist besonders klimaschonend.

---

[37] www.geothermal-energy.ch (10.03.2007)

Sie zeichnet sich je nach Anwendung durch ein sehr günstiges Verhältnis von benötigter Primärenergie zu nutzbarer Endenergie aus.[38] Der Nachteil der Geothermie ist, dass je nach Region und spezifischen geologischen Gegebenheiten manche Verfahren nicht durchführbar sind.

Die Investitionskosten, um die Geothermie nutzbar zu machen, umfassen die Summe aus Bohrung, Sonden und Wärmepumpe. Nicht berücksichtigt sind: Heizflächen, weitere bauliche Maßnahmen, Planungsleistungen und Genehmigungsgebühren. Mit folgender Gleichung können die Investitionskosten überschlägig ermittelt werden:

$$\text{Wohnfläche} \cdot 73 \text{€}/m^2 + 9.700 \text{€}$$

Die 9.700 € beinhalten sämtliche Fixkosten.

Beispiel: Für eine Wohnfläche von 210 m² betragen die durchschnittlichen Gesamt-Investitionen 210 m² · 73 €/m2 + 9.700 € = 25.030 € (brutto)[39].

Holzpelletheizungen

Holzpellets werden aus getrocknetem, naturbelassenem Restholz (Sägemehl, Hobelspäne, Waldrestholz) mit einem Durchmesser von ca. 6 - 8 mm und einer Länge von 5 - 45 mm hergestellt. Sie werden ohne Zugabe von chemischen Bindemitteln unter hohem Druck gepresst und haben einen Heizwert von ca. 5 kWh/kg. Damit entspricht der Energiegehalt von einem Kilogramm Pellets ungefähr dem von einem halben Liter Heizöl.[40] Sollen Wohngebäude allein mit Holzpellets beheizt werden, können sogenannte Pellet-Zentralheizungen im Heizraum eines Gebäudes installiert werden. Im Handel sind momentan halb- und vollautomatische Pellet-Zentralheizungen erhältlich. Zu empfehlen sind vor allem vollautomatische Pellet-Zentralheizungen, da sie den gleichen Bedienkomfort wie eine moderne Öl- oder Gaszentralheizung bieten. Vollautomatische Anlagen sind über eine Förderschnecke oder eine Saugaustragung mit einem Lagerraum oder -tank verbunden, aus dem die Pellets vollautomatisch zum Heizkessel transportiert werden. Dabei ist der Lagerraum im Idealfall so konzipiert, dass er nur ein-

---

[38] www.fh-bochum.de (10.03.2007)
[39] www.erdwaerme.baden-wuertemberg.de (10.03.2007)
[40] www.depv.de (10.3.2007)0

mal im Jahr mit Hilfe eines Pellet-Tankwagens aufgefüllt werden muss. Anstelle der Förderschnecke kann wahlweise auch eine Anlage mit Saugaustragung gewählt werden. Die Austragung der Pellets durch eine Saugförderung hat den Vorteil, dass der Lagerraum der Pellets nicht zwangsweise im Nachbarraum liegen muss, sondern sich auch in größerer Entfernung (bis zu 20 m) und nicht unbedingt ebenerdig zum Heizraum befinden kann. Dadurch können z. B. auch Erdtanks im Garten als Lagerraum für die Pellets genutzt werden. Nachteilig ist der etwas höhere Geräuschpegel bei der Förderung der Pellets, der sich jedoch durch den Einbau eines zwischengeschalteten Vorratsbehälters, der nur periodisch aufgefüllt wird, sowie eine gute Schallisolierung der Rohrleitungen reduzieren lässt. Wie bei den Einzelöfen werden auch bei den voll- und halbautomatischen Zentralheizungen die Pellets mit Hilfe einer Förderschnecke vollautomatisch in den Brennraum transportiert. Die Menge der eingetragenen Pellets wird bei modernen Geräten durch eine Mikroprozessor gesteuerte Regelung der Kesselleistung angepasst.[41]

Folgende Abb. 35 veranschaulicht die Funktionsweise einer Pellet-Zentralheizung mit einer Förderschnecke.

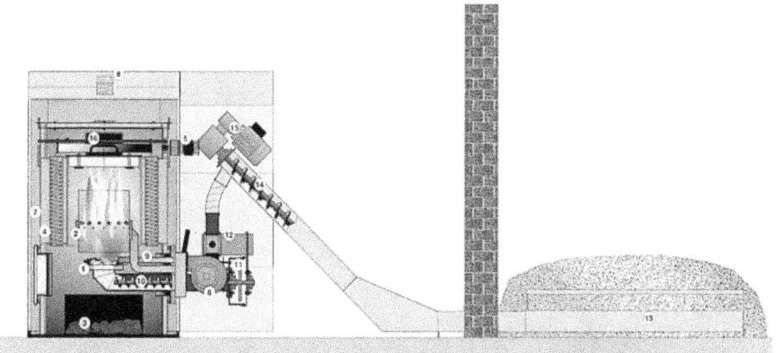

(1) Brennteller, (2) Flammrohr, (3) Aschenbox, (4) Wärmetauscher mit Reinigungsfedern, (5) Saugturbine (6) Gebläse, (7) Kesselisolierung, (8) Regelung (hier verdeckt), (9) Elektro-Zündung, (10) Brennerschnecke, (11) Hauptantrieb und Getriebe, (12) Brandschutzklappe, (13) Raumaustragung: Schneckenkanal, (14) Saug- und Rückluftleitung, (15) Raumaustragung: Antriebsmotor, (16) Heizungswasser

Abb. 35: Transport zum Brenner per Schneckensystem[42]

---

[41] www.depv.de (10.03.2007)
[42] www.abaxa.com (10.03.2007)

Die Investitionskosten für einen Heizkessel inklusive Regelung und Fördersystem liegen zwischen 9.360 und 13.500 €. Hinzu kommen Kosten für Warmwasser-Pufferspeicher, Lager und Montage[43]. Damit sind Holzpelletkessel mehr als doppelt so teuer wie Öl- oder Gasheizungskessel. Eine Reihe staatlicher Förderprogramme subventionieren allerdings den Einbau von Pelletheizungen, auch der Preis pro kWh ist bei Holzpellets geringer als bei Öl oder Gas.

4.3 Wirtschaftlichkeit der Maßnahmen – vermieteter Bestand

Die Überprüfung der Wirtschaftlichkeit von Modernisierungsmaßnahmen im vermieteten Bestand ist durch das sog. „Investor-Nutzer-Dilemma"[44] gekennzeichnet, d. h. der finanzielle Vorteil der Sanierungsmaßnahmen kommt in erster Linie dem Mieter zugute. Der Vermieter kann nur durch Mieterhöhungen von seinen Investitionen profitieren.

Für die Betrachtung der Wirtschaftlichkeit im vermieteten Bestand eignet sich die Kapitalwertmethode am Besten.

4.3.1 Kapitalwertmethode

Der Kapitalwert einer Investition ist die Differenz der Summe der Kapitalwerte aller Einzahlungen und der Summe der Kapitalwerte aller Auszahlungen. Der Kapitalwert ist auf einen bestimmten Betrachtungszeitraum diskontierte Ein- oder Auszahlung. Ist der Betrachtungszeitraum die Gegenwart (t=0), so wird der Kapitalwert auch Barwert genannt[45]. Eine Einzahlung ist umso weniger wert, je weiter sie in der Zukunft liegt, dementsprechend ist eine Auszahlung umso mehr wert, je näher sie an der Gegenwart liegt. Mit der Kapitalwertmethode wird untersucht, ob eine Investition zumindest den gewählten Kalkulationszinssatz deckt. Bei einer Einzelinvestition ist diese also als vorteilhaft zu erachten wenn der Kapitalwert größer null ist. Beim Vergleich mehrerer Investitionsalternativen ist diejenige am vorteilhaftesten, die den größten Kapitalwert aufweist.

---

[43] www.stiftung-warentest.de (10.03.2007)
[44] www.bundesumweltamt.de (15.02.2007)
[45] vgl. Berner (2004)

$$K_0 = G \cdot \left(\frac{1-q^{-n}}{p}\right) - I + R \cdot q^{-n} \quad \text{€}$$

K_0 = Kapitalwert €
G = jährliche Mehreinnahmen durch Mietpreiserhöhung €

Beispiel

Es wird wie bei der Berechnung des Ertragswertes des Gebäudes von einer Mietpreissteigerung von 8 % jährlich über drei Jahre ausgegangen. Der Mietpreis steigt dadurch von 4 €/m² auf 5 €/m². Das entspricht bei 220 m² Wohnfläche jährlichen Mehreinnahmen von 2.640 €. Der Kalkulationszinssatz beträgt wie in den vorangegangenen Beispielen 5 %, der Betrachtungszeitraum 25 Jahre und ein Restwert ist nicht gegeben.

In der Beispielrechnung wird von einer kompletten Fremdfinanzierung ausgegangen, d. h. der Kalkulationszinssatz ist nicht der realisierte Gewinn, sondern der Zinssatz für das Fremdkapital.

Mit Austausch der Heizungsanlage

$$K_0 = 2.640 \text{ €} \cdot \left(\frac{1-1{,}05^{-25}}{0{,}05}\right) - 43.337{,}69 \text{ €}$$

K_0 = -6.129,68 €

Damit ist belegt, dass die Investition trotz der verhältnismäßig hohen Mietpreiserhöhung nicht rentabel für den Vermieter ist.

Ohne Austausch der Heizungsanlage

Es wird von der gleichen Mietpreiserhöhung ausgegangen.

$$K_0 = 2.640 \text{ €} \cdot \left(\frac{1-1{,}05^{-25}}{0{,}05}\right) - 28.607{,}69 \text{ €}$$

K_0 = 8.600,32 €

Wird die Heizungsanlage nicht ausgetauscht, ist die Investition für den Vermieter eindeutig rentabel. In der folgenden Parameterstudie soll deshalb immer von der Beispielvariante ohne Austausch der Heizungsanlage ausgegangen werden.

4.3.2 Parameterstudie

Im Rahmen einer Parameterstudie soll als erstes der Einfluss der Mieterhöhung auf den Kapitalwert ermittelt werden. Es soll die Mietpreiserhöhung errechnet werden, bei der der Kapitalwert genau null wird. Die maximale Mietpreiserhöhung wird bei 20 % angesetzt. Die folgende Abbildung verdeutlicht, dass selbst eine 20 % Mietpreiserhöhung bei weitem nicht ausreichen würde, um den Austausch der Heizungsanlage rentabel für den Vermieter zu machen

Mit Austausch der Heizungsanlage

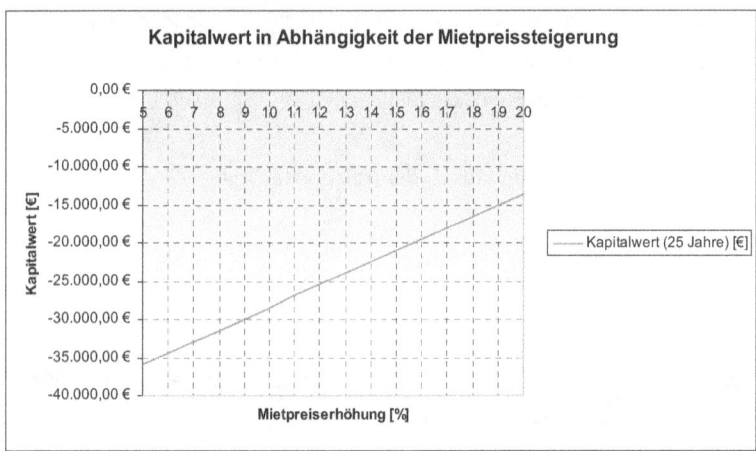

Abb. 36:   Kapitalwert in Abhängigkeit der Mietpreissteigerung bei der Variante mit Austausch der Heizungsanlage

Die zweite Abbildung zeigt den Kapitalwert in Abhängigkeit der Mietpreissteigerung bei der Variante ohne Austausch der Heizungsanlage, die Gerade in diesem Diagramm ist zwar deutlich weiter nach oben verschoben, trotzdem zeigt sich, dass eine relativ hohe Mietpreissteigerung vonnöten ist, um einen positiven Kapitalwert zu erreichen.

Ohne Austausch der Heizungsanlage

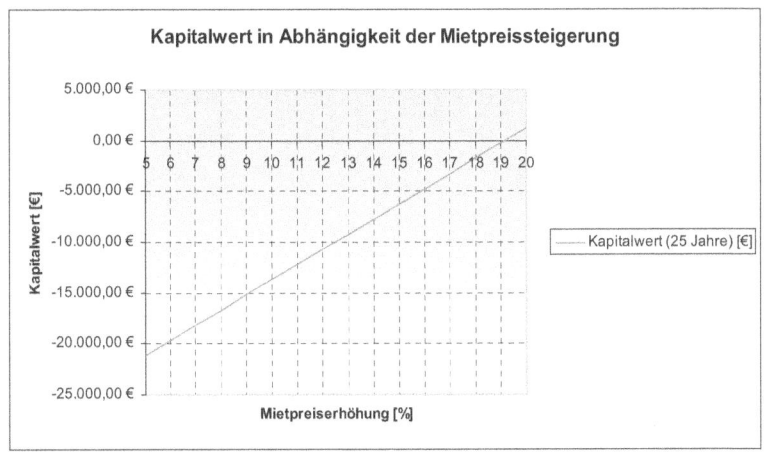

Abb. 37: Kapitalwert in Abhängigkeit der Mietpreissteigerung bei der Variante ohne Austausch der Heizungsanlage

Der Kapitalwert wird bei einer Mietpreiserhöhung von 0,77 €/m² gleich null, das entspricht einer prozentualen Steigerung von 19,2 %.

Bei einem Kapitalwert von null ist immer noch der gewählte Kalkulationszinssatz realisiert, zusätzlich wird das Gebäude deutlich aufgewertet. Daher ist auch im Falle eines geringen realisierten Kalkulationszinssatzes von einer vorteilhaften Investition auszugehen.

In dem vorangegangenen Beispiel wurde ein Betrachtungszeitraum von 25 Jahren gewählt, da die Sanierung nur Dämmmaßnahmen beinhaltet, die eine relative lange technische Lebensdauer haben. In der Regel ist die technische Lebensdauer einer derartigen Sanierung mit der des Gebäudes selbst zu vergleichen.

Folgende Abbildung verdeutlicht das Verhältnis von gewähltem Betrachtungszeitraum und daraus resultierenden Kapitalwerten. Die Variante mit Austausch der Heizungsanlage soll in den folgenden Beispielen nicht untersucht werden, da die technische Lebensdauer der Heizungsanlage mit 25 Jahren anzunehmen ist.

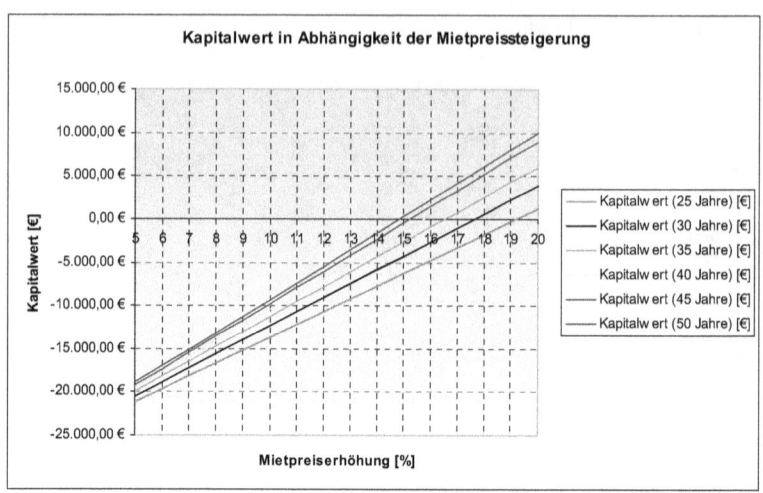

Abb. 38: Kapitalwert in Abhängigkeit der Mietpreissteigerung in Prozent

Die Abbildung zeigt deutlich, dass der Kapitalwert mit zunehmendem Betrachtungszeitraum steigt. Daraus resultierend soll für die unterschiedlichen Betrachtungszeiträume jeweils die Mietpreissteigerung bestimmt werden, bei der der Kapitalwert null wird.

Die Formel hierfür lautet:

$$M = \frac{I \cdot p}{12 \cdot (1-q^{-n}) \cdot A_W} \qquad €/m^2$$

M = Mietpreissteigerung €/m²
A_W = Wohnfläche m²
I = Investitionskosten €

Die Ergebnisse für die Betrachtungszeiträume 25, 30,3 5,40, 45 und 50 Jahre sind in folgender Tabelle zusammengestellt.

Betrachtungszeitraum [a]	25	30	35	40	45	50
Mietpreissteigerung [€/m²]	0,77	0,70	0,66	0,63	0,61	0,59
Mietpreissteigerung [%]	19,22	17,62	16,54	15,79	15,24	14,84

Tabelle 14: Mietpreiserhöhung in Abhängigkeit vom Betrachtungszeitraum

Bisher wurde immer von einer 100 % Fremdfinanzierung ausgegangen. Aufgrund der diversen Fördermaßnahmen soll in folgender Abbildung untersucht werden, wie sich ein Eigenkapitalanteil von 30 %, 60 % und 100 % auf den Kapitalwert auswirkt. Es wird weiterhin von einem Kalkulationszinssatz von Fremdkapital von 5 % ausgegangen, das Eigenkapital soll mit 3 % verzinst werden. Der Betrachtungszeitraum wurde auf 40 Jahre erhöht.

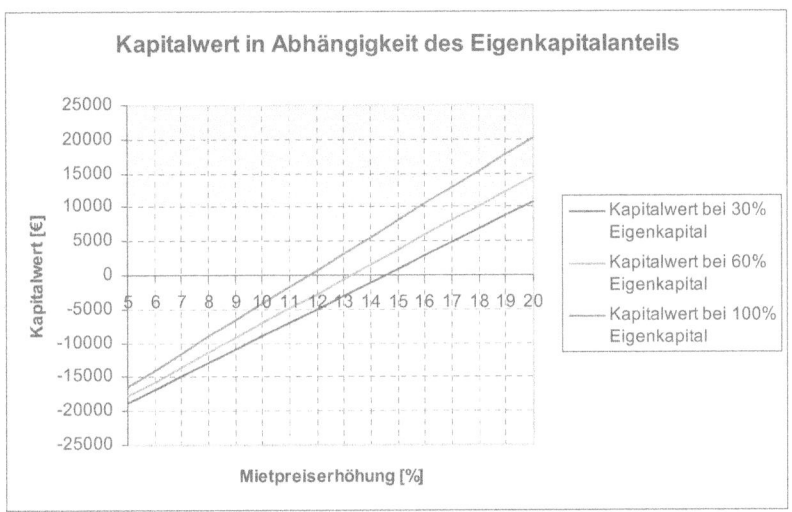

Abb. 39: Kapitalwert in Abhängigkeit des Eigenkapitalanteils

Wie die Abbildung verdeutlicht, würde bei einem Eigenkapitalanteil von 100 %, eines Betrachtungszeitraumes von 40 Jahren und einer Eigenkapitalverzinsung von 3 %, eine Mieterhöhung von 11,7 % genügen, um die Investition wirtschaftlich zu machen.

4.3.3 Amortisationszeit

Die Amortisationszeit stellt für den Eigentümer ein wichtiges Kriterium zur Beurteilung der Wirtschaftlichkeit einer Investition dar. Die Amortisationszeit sollte geringer sein als die erwartete technische Lebensdauer der zur Sanierung verwendeten Komponenten.

Die Amortisationszeit soll am Beispiel angewendet werden.

> **Beispiel**
>
> Es wird von der max. möglichen Mietpreissteigerung von 20 % ausgegangen. Der Betrachtungszeitraum beträgt 25 Jahre, weiterhin wird von 100 % Fremdfinanzierung mit einem Kalkulationszinssatz von 5 % ausgegangen.
>
> $$A = \frac{\ln\left(1 - \frac{I \cdot (q-r)}{R}\right)}{\ln\left(\frac{r}{q}\right)}$$
>
> **Mit Austausch der Heizungsanlage**
> A   = 21,56 Jahre
> A   ≈ 21 Jahre 7 Monate
>
> **Ohne Austausch der Heizungsanlage**
> A   = 14,22 Jahre
> A   ≈ 14 Jahre 3 Monate

Anzumerken bleibt, dass für diese Berechnung von einer Anhebung der Miete um 20 % auf drei Jahre verteilt ausgegangen wurde, im rechtlichen Sinne ist dies zwar zulässig, trotzdem stellt es für den Mieter eine erhebliche Belastung dar.

4.3.4 Fazit – Handlungsempfehlungen für den vermieteten Bestand

Die Wirtschaftlichkeitsanalyse der Wohngebäude im vermieteten Bestand hat gezeigt, dass es für Vermieter äußerst schwer ist, die Maßnahmen rentabel zu realisieren. Im Beispiel mit Austausch der Heizungsanlage ist dies sogar unmöglich. Das als „Investor-Nutzer-Dilemma" bezeichnete Problem, dass Energieeinsparungen in erster Linie dem Mieter nutzen, bedingt die Abhängigkeit der Vermieter von Mieterhöhungen.

Mieterhöhungen sind allerdings rechtliche und „sittliche" Grenzen gesetzt. Die rechtlichen Grenzen[46] sind folgende:

- Mietspiegel der jeweiligen Stadt (Neuvermietungen)
- Mieterhöhung um 11 % der Modernisierungskosten gemäß BGB §559
- Mietkappungsgrenze maximale Erhöhung um 20 % innerhalb von 3 Jahren (BGB §558)

Nicht berücksichtigt wurde bisher das Mietausfallwagnis, dennoch ist es bei der Entscheidungsfindung des Investors zu berücksichtigen. Je nach Lage und Qualität des Gebäudes kann dieses stark variieren und sollte deshalb vom Eigentümer gemäß seinen Erfahrungen berücksichtigt werden.

Energetische Sanierung kann sich trotz der schwierigen Ausgangslage auch für Privatvermieter lohnen.

Ebenfalls nicht berücksichtigt wurde die Tatsache, dass viele Wohngebäude die für eine energetische Sanierung in Frage kommen ein Alter haben, bei dem sowieso eine Sanierung anstehen würde. An dieser Stelle sei noch einmal darauf hingewiesen, dass Gebäude bei denen eine Sanierung der Fassade ansteht in diesem Zuge auch bestimmte Richtwerte der EnEV bezüglich des U-Wertes einhalten müssen.

Für die Betrachtung der Wirtschaftlichkeit hat dies mehrere Auswirkungen, zum einen sind damit nicht mehr alle Sanierungskosten der „Verbesserung der Qualität" des Gebäudes zuzurechnen und zum anderen sinken die Kosten für die energetische Sanierung, da ein Teil der Gesamtkosten als Instandhaltungsmaßnahmen verbucht werden muss.

Folgende Voraussetzungen sollten erfüllt sein, um eine wirtschaftliche Sanierung durchzuführen:

- Möglichst hohe Eigenkapitalquote (staatliche Förderung prüfen)
- Lange Restnutzungsdauer des Gebäudes
- Möglichst geringes Verhältnis zwischen Außenwandfläche und Wohnfläche
- Es sollte eine geringe Eigenkapitalverzinsung vorausgesetzt werden
- Geringes Mietausfallrisiko

---

[46] www.oekozentrum-nrw.de (16.02.2007)

Die Kapitalwertmethode stellt zwar ein sinnvolles Werkzeug zur Betrachtung der Wirtschaftlichkeit von vermieteten Gebäuden dar, lässt aber im Falle der Untersuchung der Wirtschaftlichkeit einer energetischen Sanierung einige wichtige Faktoren unberücksichtigt, die nicht direkt quantifiziert werden können.

Wichtige Vorteile der energetischen Sanierung im vermieteten Bestand wären:

- Bei einem sehr großen Anstieg der Energiekosten in Zukunft, wirkt die Sanierung wie eine Versicherung, da sich die Abhängigkeit von Energiepreisen durch den verminderten Verbrauch verringert.
- Die Modernisierung führt zu einer höheren Mietzahlungsbereitschaft durch höheren Wohnkomfort
- Die Sanierung kann zu einer Verlängerung der Nutzungsdauer des Gebäudes führen, d. h. der Reinertrag aus dem Gebäude steigt
- Da der Mieter die Nebenkosten trägt, wirken sich die zu erwartenden niedrigen Betriebskosten positiv auf die Vermietbarkeit aus
- Der Eigentümer kann einen Teil der Sanierungsaufwendungen steuerlich geltend machen. In der Wirtschaftlichkeitsberechnung wurde dies nicht berücksichtigt, da es im individuellen Fall geprüft werden muss. Sollte eine Entscheidung allerdings auf der Kippe stehen, kann die steuerliche Erleichterung durchaus den Ausschlag geben.

Eigentümer von vermieteten Neubauten, die heute schon einen sehr niedrigen Primärenergiebedarf vorweisen können, sollten die aktuelle öffentliche Diskussion rund um Energieverbrauch nutzen um ihre Wohnungen offensiv zu vermarkten. So sollte z. B. in einer Wohnungsanzeige in der Zeitung immer auf den geringen Nebenkostenanteil hingewiesen werden.

5 Auswirkungen der Konsequenzen aus der EnEV auf das allgemeine Mietpreisniveau

5.1 Ausgangssituation – erste Erfahrungen

Spätestens ab Juli 2008 müssen Vermieter auf Anfrage einen Energieausweis vorlegen können, die Markttransparenz im Wohnungsmarkt wird dadurch bedeutend erhöht werden. Potentielle Mieter werden einfacher in der Lage sein, Wohnungen mit hohem Nebenkostenanteil zu identifizieren. Die Preislage wird sich mittelfristig der neuen Unterscheidungskompetenz der Wohnungssuchenden anpassen.

In Darmstadt wurde von der Deutschen Bundesstiftung Umwelt eine Studie durchgeführt, bei der der Einfluss der „wärmetechnischen Beschaffenheit auf die Netto-Miete bzw. Vergleichsmiete untersucht wurde. Die Studie konnte beweisen, dass die wärmetechnische Beschaffenheit eines Gebäudes einen signifikanten Einfluss auf die Vergleichsmiete hat.[47] Auf Basis dieser Studie wurde in Darmstadt der erste „ökologische Mietspiegel" erstellt.

In einer im Auftrag der „dena" durchgeführten repräsentativen Umfrage gaben 72 % der Befragten an, dass der Energiebedarf ein wichtiges Kriterium bei der Entscheidung für ein Haus oder ein Gebäude ist. Rund drei Viertel der Befragten war auch bereit, für ein Haus oder eine Wohnung mit geringem Energiebedarf einen höheren Kauf- oder Mietpreis zu akzeptieren.[48] Genau hier soll der Energieausweis ansetzen und den Mietern oder Käufern eine Entscheidungshilfe bieten.

5.2 Unterscheidung nach Gebäudetyp

Die Auswirkungen der EnEV sollen an drei verschiedenen Gebäudetypen aufgezeigt werden, an Neubauten, an sanierten Altbauten und an unsanierten Altbauten. Bei den Gebäudetypen wird von Wohngebäuden im vermieteten Bestand ausgegangen. Neben der Unterscheidung der Gebäudetypologie ist zu beachten, dass aus dem Energieausweis entstehende Effekte sich je nach Marktlage unterschiedlich stark ausprägen. In einem Markt, in dem die Nachfrage sehr hoch ist,

---

[47] Knissel und Alles (2003)

[48] www.dena.de (17.02.2007)

wie z. B. in Stuttgart City werden mit hoher Wahrscheinlichkeit weniger starke Effekte zu beobachten sein wie in eher ländlichen Gegenden, in den die Nachfrage nach Mietwohnraum eher gering ist.

5.2.1 Neubauten

Bei Neubauten werden sich sicherlich die wenigsten Änderungen was das Mietpreisniveau betrifft ergeben. Neubauten müssen heute schon nach den Vorschriften der EnEV erstellt werden und weisen deshalb sowieso einen vergleichsweise geringen Energiebedarf auf. Auswirkungen auf das Preisniveau könnten sich allerdings aus einer gesteigerten Nachfrage durch das hohe Energiepreisniveau ergeben. Von Neubauten erwarten Mieter bessere energetische Eigenschaften, selbst wenn ein Altbau durch eine energetische Sanierung ähnlich gute Verbrauchswerte vorweisen kann.

Es bleibt festzuhalten, dass sich das Mietpreisniveau von Neubauten durch den Energieausweis nicht dramatisch ändern wird. Trotzdem könnte es bedingt durch die neue Markttransparenz zu einer erhöhten Nachfrage kommen.

5.2.2 Sanierte Altbauten

Der Bereich der sanierten oder zu sanierenden Altbauten wird in folge der Einführung der EnEV sicherlich die größte Dynamik entwickeln. Die Quadratmeterpreise werden sich nach einer umfangreichen Sanierung nahe an dem Niveau von Neubauten bewegen.

Sollte ein Altbau im vermieteten Zustand saniert werden, müssen sich die Mieter auf Mieterhöhungen bis an die gesetzlich vorgeschriebene Kappungsgrenze von 20 % innerhalb von drei Jahren gefasst machen.

5.2.3 Altbauten

Im Bereich der unsanierten Altbauwohnungen wird es in den kommenden Jahren sicherlich zunehmend schwer werden, Wohnungen zu vermieten. Schon heute zahlen deutsche Mieter 2,44 €/m² Nebenkosten[49], im Durchschnitt über alle Gebäudearten.

---

[49] www.mieterbund.de (20.02.2007)

Der Nebenkostenanteil bei Altbauten dürfte noch deutlich höher liegen. Die Mietpreissteigerung in Altbauwohnungen wird die nächsten Jahre daher vor allem durch steigende Energiepreise bestimmt werden. Mieterhöhungen sind eher nicht zu erwarten. Wahrscheinlicher ist es, dass in Gegenden, in denen die Nachfrage nach Mietwohnraum eher gering ist, die Mieten in Altbauwohnungen leicht fallen werden, um wenigstens einigermaßen konkurrenzfähig zu bleiben.

6 Zusammenfassung

6.1 Die EnEV

In den vorangegangenen Kapiteln wurde versucht, einen Überblick über die EnEV 2007 und ihre Auswirkungen zu schaffen. An dieser Stelle sollen die wichtigsten Ergebnisse noch einmal kurz zusammengefasst werden.

Die Gründe für eine neue weitgehende Energiesparverordnung liegen auf der Hand und sind gerade in letzter Zeit durch die öffentliche Diskussion überall zu vernehmen.

Angeregt durch die öffentliche Diskussion hat sich auch das Bewusstsein der Menschen bezüglich des Energiesparens drastisch verändert. Folgende, in Abb. 40 dargestellte Ergebnisse einer dena Umfrage verdeutlichen das gesteigerte Bewusstsein hinsichtlich des Energieverbrauchs im Gebäudesektor.

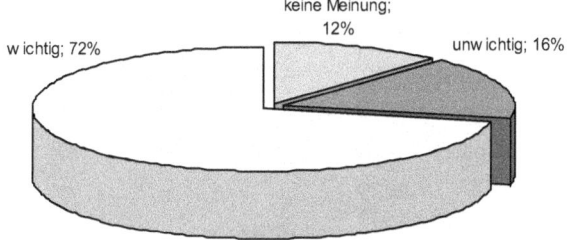

Abb. 40: dena-Umfrage: Wie wichtig ist Energieverbrauch beim Kauf oder Anmietung einer Wohnung

Die wichtigste Neuerung der EnEV ist bestimmt der Energieausweis. Die Unterscheidung in einen bedarfsorientierten und einen verbrauchsorientierten ist sicherlich nicht glücklich, denn die Aussagekraft ist wie in den vorangegangenen Kapiteln erläutert eher gering. Trotzdem wird auch der verbrauchsorientierte

Energieausweis in Zukunft ausgestellt werden, da er günstiger ist und daher durch diverse immobilienwirtschaftliche Interessensverbände forciert wird.

Bei den Berechnungsverfahren der EnEV ist besonders die Unterscheidung zwischen Primärenergie und Endenergie zu beachten. Der bedarfsorientierte Energieausweis weist Primärenergie aus und der Verbrauchsorientierte Endenergie. Zur Erinnerung: Endenergie ist derjenige Teil der Primärenergie, welcher dem Verbraucher, nach Abzug von Transport- und Umwandlungsverlusten, zur Verfügung steht. Beim Vergleich zweier Gebäude, bei dem für das eine ein bedarfsorientierter Energieausweis und für das andere ein verbrauchsorientierten Energieausweis existiert, muss deshalb beachtet werden, dass Endenergie und Primärenergie nicht mit einander verglichen werden dürfen. Im bedarfsorientierten Energieausweis sollte gemäß der EnEV Vorlage auch die Endenergie angegeben sein. Die Vorlage der dena erwähnt diese nur kurz auf Blatt Nr. 2.

Ein weiterer Aspekt des Energieausweises, der sicher noch für Konflikte sorgen wird, ist die Modernisierungsempfehlung, die der Energieausweis beinhaltet. Für Vermieter bedeutet das unter Umständen, dass sie ihren potentiellen Mietern auf Verlangen ein Dokument vorlegen müssen, in dem genau beschrieben ist, was an dem Gebäude alles sanierungsbedürftig ist.

Weitere wichtige Neuerungen neben dem Energieausweis sind:
- Die Mindestanforderungen an den Wärmedurchgangskoeffizient der Fassade, die im Falle einer Veränderung der Fassade, z. B. einer Putzsanierung, eingehalten werden müssen,
- Die Dämmung der obersten Geschossdecke,
- Eventuell Austausch veralteter Heizungskessel und
- Dämmung der Heizungs- bzw. Warmwasserrohre.

Bei allen Neuerungen sei allerdings anzumerken, dass jeder individuelle Fall hinreichend geprüft werden muss, um alle Ausnahmeregelungen zu berücksichtigen. Besonders bei der Prüfung der bestehenden Heizungsanlage ist äußerste Sorgfalt geboten.

6.2 Wirtschaftlichkeit

Die Intention der EnEV ist es, die energetische Qualität von Gebäuden zu verbessern.

In wie fern eine energetische Sanierung auch wirtschaftlich sein kann, wurde in Kapitel 4 untersucht. Generell ist für eine Beurteilung der Wirtschaftlichkeit immer das Verhältnis zwischen Aufwand und Ertrag wichtig. Im Fall einer energetischen Sanierung ist dies das Verhältnis zwischen Einsparpotential der Maßnahme und Kosten der Maßnahme. Das Problem bei einer Sanierung ist allerdings, dass es konstruktive Zusammenhänge gibt, die eine Beurteilung nach anderen Maßstäben notwendig macht.

So ist es wirtschaftlicher, ein WDVS auf die Außenfassade aufzubringen als neue Wärmeschutzverglasung einzubauen. Aus konstruktiver Sicht allerdings müssen ab einer bestimmten Dicke des WDVS auch die Fenster geänderten werden, da sonst die lichte Öffnung des Fensters zu klein wird.

Bei der Untersuchung der Wirtschaftlichkeit wurde zwischen selbst genutzten Immobilien und Immobilien im vermieteten Bestand unterschieden.

Bei den selbst genutzten Immobilien wurde deutlich, dass sich eine energetische Sanierung fast immer lohnt, da die eingesparten Kosten direkt dem Eigentümer zufließen.

Bei Immobilien im vermieteten Bestand stellt sich das Ganze etwas komplizierter dar, da die eingesparten Kosten in erster Linie dem Mieter zu Gute kommen. Der Vermieter muss mittels Mieterhöhungen seine, Investition refinanzieren. Die Untersuchung am Beispiel hat gezeigt, dass dies schwer werden kann, jedoch nicht ausgeschlossen ist. Zu empfehlen ist es, anstehende Sanierungsmaßnahmen zu nutzen, um auch energetische Verbesserungen durchzuführen. Außerdem lohnt es sich, die diversen Fördermöglichkeiten des Bundes und der Länder genau zu prüfen. Genauso sollten die steuerlichen Vorteile im individuellen Fall genau geprüft werden.

Der Vermieter sollte überdies hinaus berücksichtigen, dass ein aus energetischer Sicht hochwertiges Gebäude leichter zu vermieten ist und damit ein geringeres Mietausfallwagnis aufweist.

6.3 Auswirkungen auf den Wohnungsmarkt

Voraussichtlich ab Januar 2008 müssen Vermieter auf Anfrage einen Energieausweis vorlegen können. Die Markttransparenz im Wohnungsmarkt wird dadurch bedeutend erhöht werden, potentielle Mieter werden einfacher in der Lage sein, Wohnungen mit hohem Nebenkostenanteil zu identifizieren. Die Preislage wird sich mittelfristig der neuen Unterscheidungskompetenz der Wohnungssuchenden anpassen.

Die aus der neuen EnEV resultierenden Veränderungen am Wohnungsmarkt werden in ihrer Ausprägung auch von der jeweiligen Marktlage beeinflusst werden, in Ballungsräumen mit Wohnungsknappheit wird mit hoher Wahrscheinlichkeit die energetische Beschaffenheit eines Gebäudes weniger stark in Entscheidungen berücksichtigt werden wie in Gegenden in denen ein hohes Angebot an Wohnraum vorhanden ist.

Neubauten werden von den Auswirkungen der EnEV eher indirekt betroffen sein. Da Neubauten heute schon alle Richtlinien der EnEV erfüllen müssen, sind hier die Einflüsse eher im Bereich einer höheren Nachfrage durch das steigende Energiepreisniveau zu erwarten.

Im Bereich der sanierten oder zu sanierenden Altbauten wird sich am meisten tun, da die Eigentümer versuchen werden, die Investitionskosten mittels Mietpreiserhöhungen zu refinanzieren.

Bei den unsanierten Altbauten wird es in den kommenden Jahren sicherlich zunehmend schwer werden Wohnungen zu vermieten. Schon heute ist der Nebenkostenanteil immens hoch. Die Preise für Altbauwohnungen werden, um die Vermietbarkeit in Zeiten steigender Energiepreise zu gewährleisten, stabil bleiben oder eher sinken.

Literaturverzeichnis

Normen und Verordnungen

BGB	(2002) Bürgerliches Gesetzbuch, 52. Auflage, München 2002
DIN 4108-2:2003-04	(2003) Wärmeschutz und Energieeinsparung in Gebäuden
DIN EN 13779:2005-05	(2005) Anforderungen zur Begrenzung der Wärmeabgabe von Wärmeverteilungs- und Warmwasserleitungen sowie Armaturen
DIN EN 13829:2001-02	(2001) Wärmetechnisches Verhalten von Gebäuden Bestimmung der Luftdurchlässigkeit von Gebäuden
DIN V 4701-10:2003-08	(2003) Energetische Bewertung heiz- und raumlufttechnischer Anlagen Teil 10: Heizung, Trinkwassererwärmung, Lüftung
EnEV	(2006) Verordnung über energiesparenden Wärmeschutz und energiesparende Anlagentechnik bei Gebäuden (Energieeinsparverordnung – EnEV) Stand: 16. November 2006
Haug, G.	(2005) Grundstücksbewertung 1, Universität Stuttgart 2005
o. V.	(2003) Europäische Kommission, Generaldirektion Energie und Verkehr, Referat D1 Regulierungspolitik, Förderung neuer Energien und Nachfragemanagement, Brüssel 2003
o. V.	(2005) Bekanntmachung gemäß § 19 Abs. 3 Satz 4, EnEV Regeln zur vereinfachten Ermittlung von Energieverbrauchskennwerten und zur Witterungsbereinigung im Wohngebäudebestand, Bundesministerium für Verkehr, Bau und Stadtentwicklung im Einvernehmen mit dem Bundesministerium für Wirtschaft und Technologie Stand: 16.11.2006

Fachliteratur

Berner, F.	(2004) Baubetriebslehre 1, Institut für Baubetriebslehre, Stuttgart 2004
Enseling, A. und Hinz, E.	(2006) Energetische Gebäudesanierung und Wirtschaftlichkeit, Institut Wohnen und Umwelt, Darmstadt 2006
Knissel, J. und Alles, R.	(2003) Ökologischer Mietspigel, Institut Wohnen und Umwelt, Darmstadt 2003
Liersch, K. und Langer, W.	(2002) EnEV-Praxis, 1. Auflage, Berlin, Bauwerk Verlag 2002
Löhlein, U.	(2002) Die neue Energieeinsparverordnung unter Berücksichtigung der Bestandsimmobilie, Hammonia-Verlag; Auflage: 1. Aufl. 2002
o. V.	(2006) Energieausweis Zahlen daten Fakten München, Rudolf Haufe Verlag GmbH 2006
o. V.	(2004) Ausgewählte Kapitel der Baubetriebslehre, Stuttgart 2004
o. V.	(2006) Bauen im Bestand, Institut für Bauforschung e. V. (IFB) 2006
Reiß, J. u.a.	(2005) Solare Fassadensysteme. Energetische Effizienz - Kosten – Wirtschaftlichkeit, Fraunhofer Irb Verlag 2005
Richarz,	(2006) Energetische Sanierung, 1.Auflage, Baden-Baden Wesel-Kommunikation 2006
Volland, K. und Volland, J.	(2006) Wärmeschutz und Energiebedarf nach EnEv 2006, 1. Auflage, Köln: Rudolf Müller Verlag 2006

Linkverzeichnis

www.abaxa.com	Abaxa, Innovative Energie-Systeme GmbH
www.aknw.de	Architektenkammer Nordrhein-Westfalen
www.architektur.tu-darmstadt.de	TU Darmstadt Fachbereich Architektur
www.bak.de	Bundesarchitektenkammer
www.bmvbs.de	Bundesministerium für Verkehr, Bau und Stadtentwicklung
www.bundesumweldamt.de	Bundesministerium für Umwelt, Naturschutz und Reaktorsicherheit
www.capatect.at	Capatect Wärmedämmverbundsysteme
www.dena.de	Deutsche Energie Agentur
www.depv.de	Deutscher Energie-Pellet-Verband e.V. (DEPV)
www.enev.baurecht-dienst.de	Verlagsgesellschaft Rudolf Müller GmbH & Co. KG
www.enev-online.de	Melita Tuschinski, Dipl.-Ing./UT, Freie Architektin
www.fh-bochum.de/	Geothermie Zentrum Bochum
www.geothermal-energy.ch	Schweizerische Vereinigung für Geothermie
www.heizkosten-einsparen.de	Fachverband Wärmedämmverbundsysteme e. V.
www.hwk-berlin.de	Handwerkskammer Berlin
www.iemb.de	Institut für Erhaltung und Modernisierung von Bauwerken e.V. an der TU Berlin
www.iwu.de	Institut Wohnen und Umwelt GmbH
www.mieterbund.de	Deutscher Mieterbund
www.oekozentrum-nrw.de	Öko-Zentrum NRW Zentrum für biologisches und ökologisches Planen und Bauen GmbH & Co. KG
www.poesis.de	Poesis Dämmsysteme

www.solarcontact.de	solarcontact GmbH
www.stiftung-warentest.de	STIFTUNG WARENTEST
www.tagesschau.de	Nachrichten der ARD
www.tecson.de	TECSON Apparate GmbH
www.umweltbundesamt.de	Umweltbundesamt

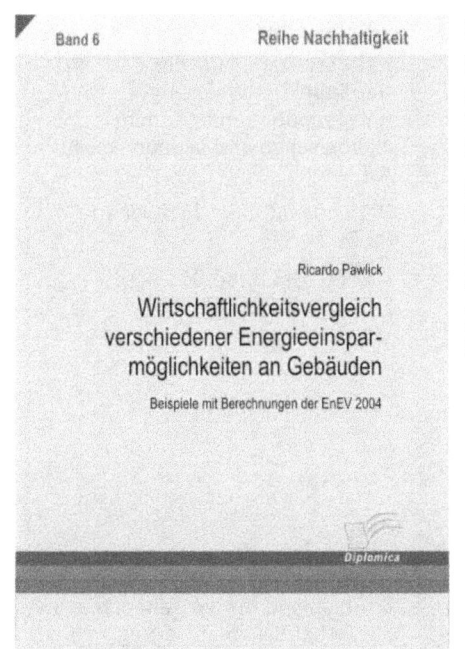

Ricardo Pawlik
Wirtschaftlichkeitsvergleich verschiedener Energieeinsparmöglichkeiten an Gebäuden
Beispiele mit Berechnungen der EnEV 2004
Diplomica 2007 / 220 Seiten / 39,50 Euro
ISBN 978-3-8366-0367-6
EAN 9783836603676

„Der Anteil der Raumheizung am Primärenergiebedarf Deutschlands beträgt 30%, dieser Sektor bietet noch immer große relativ leicht zu erschließende Potenziale für Einsparungen." Aber Energie einsparen bedeutet aber nicht automatisch Kosten einsparen.
Der wichtigste Aspekt in Bezug auf die Energieeinsparung ist also die Wirtschaftlichkeit. Dies spielt im gesamten für die meisten Bauherren eines Einfamilienhauses zunächst eine untergeordnete Rolle. Meistens sind die Erstkosten in Bezug auf die Finanzierung dem Bauherren wichtiger. Umso fragwürdiger sind also auch, ob für den Bauherren Klimaschutz, Ozonloch oder Umweltschutz dann noch eine Rolle spielen.
Diese Untersuchung zeigt das Zusammenspiel aller Faktoren auf. Sie soll Planern und Bauherren Aufschluss über die Wirtschaftlichkeit von verschiedenen Möglichkeiten zur Energieeinsparung geben.
Dies geschieht anhand eines frei gewählten Einfamilienhauses. Es wird über den Nutzungszeitraum bis zur vollständigen Bezahlung betrachtet. Neben dem Vergleich über drei Standardbauweisen als Grundvarianten, werden verschiedene weitere Möglichkeiten, die den Primärenergiebedarf senken, aufgeführt. Dabei werden die Anforderungen an den Stand der Technik in Bezug auf Feuchteschutz, Schallschutz usw. beachtet. Grundlage des Vergleichs ist die EnEV 2004. Der Wirtschaftlichkeitsvergleich wird anhand der Kapitalwertmethode geführt. Als Ergebnis der Studie werden die Einflussfaktoren und die Zielwerte übersichtlich, grafisch dargestellt.

Carsten Laue

Kälteerzeugung für die Gebäudeklimatisierung
Anlagenoptimierung unter ökologischen und ökonomischen Aspekten

Diplomica 2008 / 116 Seiten / 39,50 Euro

ISBN 978-3-8366-0413-0
EAN 9783836604130

Rund 1,3 % des Primärenergiebedarfes werden in Deutschland für die Kälteerzeugung zur Gebäudeklimatisierung aufgewendet: Ein riesiger Energieverbrauch und ein enormes Einsparpotenzial, das viel zu wenig genutzt wird. In der vorliegenden Untersuchung wird die Kälteerzeugung zur Gebäudeklimatisierung unter ökologischen und ökonomischen Aspekten betrachtet. Dabei wird nachvollziehbar dargestellt, wie verschiedene Varianten der Kälteerzeugung an Hand des TEWI-Wertes ökologisch miteinander vergleichbar sind. Der Berechnungsalgorithmus für den TEWI-Wert wird anschaulich dargestellt und die Einflussfaktoren werden ausführlich erläutert. Die Berechnung wird für verschiedene Kälteerzeugungsanlagen für ein Einkaufszentrum vorgeführt und ist sowohl auf bestehende als auch auf neue Kälteanlagen übertragbar.
Im zweiten Teil des Buches werden die ökonomischen Hintergründe der Kälteerzeugung beleuchtet. Es wird ein Berechnungsalgorithmus vorgegeben, der es ermöglicht, die Kapitalwerte unterschiedlicher Arten der Kälteerzeugung und damit die auf den Investitionszeitpunkt abgezinsten Kosten zu berechnen. Damit werden unterschiedliche Anlagentypen finanziell vergleichbar.
Die Berechnungen des TEWI- und des Kapitalwertes für die verschiedenen Varianten der Kälteerzeugung werden beurteilt und graphisch dargestellt. Die Ergebnisse überraschen. So sind ökonomische und ökologische Ziele durchaus vereinbar.
Mit Hilfe dieses Buches gelingt es Ihnen, unterschiedliche Anlagen zur Kälteerzeugung für die Klimatisierung von Gebäuden in Hinblick auf das Treibhaus-potential und die Gesamtkosten über die Laufzeit der Anlage zu bewerten und miteinander zu vergleichen.

Florian Arnold Mertens

Energetischen Sanierung des Wohnungsbestands durch Passivhaus-Technologien
Eine szenariobasierte Lebenszyklus-Erfolgsanalyse

Diplomica 2008 / 116 Seiten / 39,50 Euro

ISBN 978-3-8366-0432-1
EAN 9783836604321

Die Wohnungswirtschaft in Deutschland steht derzeit vielfältigen und bisher nicht gekannten Herausforderungen gegenüber. Der demographische Wandel, die Klimaschutzproblematik, zunehmende Leerstände in strukturschwachen Regionen, sowie steigende und immer stärker individualisierte Ansprüche an den Wohnkomfort erfordern schlüssige Konzepte für die Entwicklung der Wohnungsbestände. Eine besondere Bedeutung kommt dabei Maßnahmen zur Verringerung des Energieverbrauchs zu, da sie durch Reduktion der CO_2-Emissionen einen wesentlichen Beitrag zur Zukunftsfähigkeit des deutschen Immobilienbestandes leisten können. Dabei stellt sich die Frage, ob der Einsatz energieeffizienter Passivhaustechnologien im Gebäudebestand nicht nur erheblich zum Klimaschutz beitragen, sondern zugleich auch den wirtschaftlichen Rentabilitätsanforderungen genügen kann. Diese Studie untersucht daher die relative wirtschaftliche Vorteilhaftigkeit einer Sanierung mit Passivhaus-Technologien gegenüber herkömmlichen Sanierungsvarianten aus Investorensicht. Im Zentrum der Analyse stehen typische Mehrfamilienhäuser der 50er und 60er Jahre. Dabei baut die Untersuchung auf der Entwicklung verschiedener Szenarien auf. Mit Hilfe der Monte-Carlo-Methode werden unterschiedlichste real mögliche Sanierungsfälle im Sinne einer repräsentativen Stichprobe simuliert und anschließend ökonomisch und statistisch ausgewertet. Die Ergebnisse zeigen die aktuelle und zukünftige Leistungsfähigkeit der Passivhaustechnologien bei der Sanierung von Wohnungen im Bestand.

Band 10　　　Reihe Nachhaltigkeit

Tobias Luthe
Energetische Bilanzierung von Baustoffen für den Holzhausbau
Diplomica 2008 / 140 Seiten / 39,50 Euro
ISBN 978-3-8366-0621-9
EAN 9783836606219

In Design und Bau von umweltfreundlichen Gebäuden spielt die Betrachtung von Werkstoffen unter ökologischen Gesichtspunkten eine zunehmend bedeutende Rolle. Nicht nur die energetische Performance des fertiggestellten Hauses geht in die Bilanz ein, sondern der gesamte Lebenszyklus von der Herstellung bis zum Recycling.
Ziel dieses Buchs ist der konkrete Vergleich einer bekannten und oft eingesetzten Zahl von Werkstoffen, um somit der Praxis konkrete Entscheidungsinformationen zu bieten. Dafür befasst sich die Studie mit der rein energetischen Betrachtung der Herstellung von Holzwerkstoffen, wie sie in das Energiebudget von Passiv- und Niedrigenergiehäusern als relevante Größen eingehen. In die Betrachtung und die Ergebnisse spielt auch die Speicherkapazität von Kohlendioxid mit hinein - ein hochaktueller Aspekt der Reduzierung klimaschädlicher Gase.
Zu fünf verschiedenen Werkstoffen und Bauteilen für den Einsatz im Holzhausbau werden Vergleiche mit ökologischer Aussage durchgeführt. Die bilanzierten Werkstoffe sind Fermacell, OSB (Oriented Strand Board), Fichte-3-Schicht Platte, Livingboard und Multiplex Top.
Der methodische Ansatz der vorliegenden Studie beruht auf der Recherche nach Sekundärinformationen, die im Wesentlichen direkt bei den Herstellerfirmen in Form einer detaillierten Matrix erhoben wurden. Die Untersuchung zeigt Stärken und Schwächen dieser Methodik auf, die für darauf aufbauende Untersuchungen von Relevanz sind.

www.ingramcontent.com/pod-product-compliance
Lightning Source LLC
Chambersburg PA
CBHW070252230526
45470CB00002B/573